José Abrantes

Desenho Geométrico e Geometria IV

A interdisciplinaridade com as Geometrias Plana e Espacial e com a Arte Geométrica

A trigonometria no círculo e nos triângulos. Arcos capazes. Concordância: arcos, ovais, elipses e espirais. Algoritmo para desenho de polígono regular inscrito. Introdução às perspectivas e projeções cilíndricas ortogonais. A Geometria Dinâmica e *Softwares* para Desenhos Geométricos. A Arte Geométrica livre, dos polígonos e com o tangram.

EDITORA CIÊNCIA MODERNA

Desenho Geométrico e Geometria IV: A interdisciplinaridade com as Geometrias Plana e Espacial e com a Arte Geométrica (A trigonometria no círculo e nos triângulos. Arcos capazes. Concordância: arcos, ovais, elipses e espirais. Algoritmo para desenho de polígono regular inscrito. Introdução às perspectivas e projeções cilíndricas ortogonais. A Geometria Dinâmica e *Softwares* para Desenhos Geométricos. A Arte Geométrica livre, dos polígonos e com o tangram).

Editor: Paulo André P. Marques
Produção Editorial: Dilene Sandes Pessanha
Diagramação: Daniel Jara
Capa: Daniel Jara
Copidesque: Equipe Ciência Moderna

FICHA CATALOGRÁFICA

ABRANTES, José.

Desenho Geométrico e Geometria IV: A interdisciplinaridade com as Geometrias Plana e Espacial e com a Arte Geométrica (A trigonometria no círculo e nos triângulos. Arcos capazes. Concordância: arcos, ovais, elipses e espirais. Algoritmo para desenho de polígono regular inscrito. Introdução às perspectivas e projeções cilíndricas ortogonais. A Geometria Dinâmica e *Softwares* para Desenhos Geométricos. A Arte Geométrica livre, dos polígonos e com o tangram).

Rio de Janeiro: Editora Ciência Moderna Ltda., 2024.
Coleção: "Desenho Geométrico". Volume 4.

1. Matemática, Desenho Geométrico, Geometria Plana. I - Título

ISBN: 978-65-5842-364-5

CDD 510
516

Editora Ciência Moderna Ltda.
Rua Alice Figueiredo, 46 – Riachuelo
Rio de Janeiro, RJ – Brasil CEP: 20950-150
Tel: (21) 2201-6662/Fax: (21) 2201-6896
E-MAIL: LCM@LCM.COM.BR
WWW.LCM.COM.BR

03/24

Apresentação do livro de Desenho Geométrico e Geometria III, com a Geometria citada na BNCC, referente ao 9º ano do Ensino Fundamental

Em 20 de dezembro de 2017 foi homologada pelo Ministério da Educação a Base Nacional Comum Curricular – BNCC, para os anos finais do Ensino Fundamental, ou seja: 6º, 7º, 8º e 9º anos. A seguir são citados, para a "Área Temática Geometria", os "Objetos de Conhecimento e as Habilidades" para o 9º ano. Na sequência dos objetos de conhecimento, a BNCC descreve as habilidades, podendo ser interpretadas como parte dos conteúdos curriculares, ou seja, para o 9º ano as aulas de Geometria devem ser preparadas e proferidas, segundo os "Objetos de Conhecimento e as Habilidades", adiante citadas.

Ensino Fundamental	Objetos de Conhecimento e Habilidades
9º ano	**Objetos de Conhecimento**: Demonstrações de relações entre os ângulos formados por retas paralelas intersectadas por uma transversal. Relações entre arcos e ângulos na circunferência de um círculo. Semelhança de triângulos. Relações métricas no triângulo retângulo Teorema de Pitágoras: verificações experimentais e demonstração Retas paralelas cortadas por transversais: teoremas de proporcionalidade e verificações experimentais. Polígonos regulares. Distância entre pontos no plano cartesiano. Vistas ortogonais de figuras espaciais. **Habilidades**: **EF09MA10**: Demonstrar relações simples entre os ângulos formados por retas paralelas cortadas por uma transversal. **EF09MA11**: Resolver problemas por meio do estabelecimento de relações entre arcos, ângulos centrais e ângulos inscritos na circunferência, fazendo uso, inclusive, de *softwares* de geometria dinâmica. **EF09MA12**: Reconhecer as condições necessárias e suficientes para que dois triângulos sejam semelhantes. **EF09MA13**: Demonstrar relações métricas do triângulo retângulo, entre elas o teorema de Pitágoras, utilizando, inclusive, a semelhança de triângulos. **EF09MA14**: Resolver e elaborar problemas de aplicação do teorema de Pitágoras ou das relações de proporcionalidade envolvendo retas paralelas cortadas por secantes. **EF09MA15**: Descrever, por escrito e por meio de um fluxograma, um algoritmo para a construção de um polígono regular cuja medida do lado é conhecida, utilizando régua e compasso, como também *softwares*. **EF09MA16**: Determinar o ponto médio de um segmento de reta e a distância entre dois pontos quaisquer, dadas as coordenadas desses pontos no plano cartesiano, sem o uso de fórmulas, e utilizar esse conhecimento para calcular, por exemplo, medidas de perímetros e áreas de figuras planas construídas no plano. **EF09MA17**: Reconhecer vistas ortogonais de figuras espaciais e aplicar esse conhecimento para desenhar objetos em perspectiva.

Além das Habilidades citadas anteriormente, conforme a BNCC para o 9º ano, neste volume 4 também são abordados os seguintes conteúdos:
- A trigonometria no círculo e nos triângulos;
- Par de arcos capazes;
- Concordância com aplicações em arcos, ovais, elipses e espirais;
- Introdução à Geometria Descritiva com vistas ortogonais em dois e três planos e
- Estudo das perspectivas ou representação tridimensional de objetos.

Sobre o autor

José Abrantes nasceu no Rio de Janeiro, em 07/02/1951, tendo a seguinte formação escolar e acadêmica: Técnico de Máquinas e Motores (ETFCSF), Engenheiro Mecânico (UERJ), licenciado em Desenho (UCAM), licenciado em Matemática (UCAM), Especialista em docência do Ensino Fundamental e Médio (UCAM), Especialista em Docência do Ensino Superior (FABES/ISEP), Mestre em Tecnologia – M.Sc. (CEFET/RJ), Doutor em Engenharia de Produção – D.Sc. (COPPE/UFRJ). Pós-Doutorado, voltado à área de educação (FEAGRI/UNICAMP) e Pós-Doutorado, estudando a Pedagogia Empresarial (UFF). Trabalhou sete anos (1970 a 1976) como desenhista e projetista e 22 anos como engenheiro (1977 a 1998), sendo 17 anos como calculista de equipamentos e cinco em fábricas, como gerente de engenharia e manutenção. Entre 1999 e 2002 foi professor de Desenho Técnico da FAETEC. Entre 1998 e 2015 atuou como professor do ensino superior em diversas instituições privadas. É professor associado aposentado do Instituto de Aplicação Fernando Rodrigues da Silveira - CAp/UERJ, onde atuou no Departamento de Matemática e Desenho - DMD (entre 2002 e 2015). Entre janeiro de 2000 e fevereiro de 2023, foi professor do Departamento de Geometria e Representação Gráfica, do Instituto de Matemática e Estatística, da Universidade do Estado do Rio de Janeiro – IME/UERJ, tendo se aposentado em março de 2023, como professor titular.

Um pouco de história e a importância do ensino de "Desenho Geométrico", nos anos finais (6º ao 9º ano) do Ensino Fundamental

A disciplina "Desenho Geométrico" foi componente curricular obrigatório no Ensino Básico brasileiro por cerca de 30 anos, de 1930 a 1960. Na década de 1960, a Lei de Diretrizes e Bases da Educação (LDB), Lei 4.024 de 1961, conferiu novos rumos ao ensino de Desenho no Brasil. Desde então, a disciplina começou a experimentar certo desprestígio, passando a figurar como disciplina obrigatória complementar. A situação agravou-se com a promulgação da LDB 5.692/71 (de 11 de agosto de 1971), que tornou o ensino de Educação Artística obrigatório no Ensino Básico, enquanto o Desenho ficou como disciplinar complementar, não obrigatória. Apenas poucas escolas, em todo o Brasil, mantiveram o ensino de "Desenho Geométrico" na Educação Básica.

Desde dezembro de 1996, com a promulgação da LDB 9.394/96 (Lei Darcy Ribeiro), infelizmente o Desenho, tanto no Ensino Fundamental (Desenho Geométrico), quanto no Ensino Médio (Geometria Descritiva), não se enquadra como disciplina curricular obrigatória, tampouco como disciplina optativa. Também os Parâmetros Curriculares Nacionais - PCNs (1998) para o ensino de Artes, do 6º ao 9º ano, não fazem qualquer referência à disciplina de Desenho. Nos PCNs destinados ao ensino de Matemática para esses mesmos anos, encontram-se alguns poucos indicativos, porém o Desenho aparece servindo apenas como auxiliar na conceituação dos assuntos.

Em 20 de dezembro de 2017 foi homologada, pelo Ministério da Educação, a "Base Nacional Comum Curricular – BNCC", para os anos finais do Ensino Fundamental, ou seja: 6º, 7º, 8º e 9º anos, mais uma vez não citando diretamente o ensino de Desenho Geométrico. Embora não citado claramente, nas Habilidades do 8º ano, fica implícita a prática do Desenho Geométrico, o que pode ser comprovado pelo detalhamento da Habilidades EF08MA16.

Para além do embasamento legal citado, quanto ao ensino de Desenho Geométrico, é comprovado que, ao conduzir o ensino de Desenho Geométrico de forma interrelacionada com o ensino da Geometria, via Matemática, os alunos, já desde o 6º ano, desenvolvem facilidades para aprender mais facilmente a Matemática. Por que isso acontece?

Alguém já disse que: "uma imagem vale mais do que mil palavras". Como a prática do Desenho Geométrico é baseada em imagens de entidades matemáticas, fica mais visual e prático compreender a lógica do raciocínio abstrato da Matemática. Também não se pode omitir que, ao desenhar em folhas de papel, bem como em tela, os alunos desenvolvem mais facilmente suas habilidades viso espaciais e pictóricas, ou seja, habilidades de se expressar por símbolos, figuras, desenhos e gráficos. Em resumo, o ensino de Desenho Geométrico, interrelacionado ao de Geometria, em muito ajuda ao desenvolvimento das habilidades Lógico Matemática, Viso Espacial e Pictórico.

O estudo do "Desenho Geométrico" em muito ajuda a aprendizagem da Geometria, que estuda as figuras relacionando-as com números, que são suas medidas. O desenho geométrico estuda as figuras ou imagens, relacionando-as com suas representações. O desenho concretiza os conhecimentos teóricos da geometria, conseguindo definir conceitos, demonstrar propriedades e resolver problemas. O aprendizado da Geometria fica muito facilitado, quando se estuda o desenho geométrico, concomitantemente.

Em 1986, foi feita uma pesquisa consistindo de um teste de Geometria aplicado a 136 alunos da 8ª série (atual 9º ano do Ensino Fundamental) de seis escolas de Curitiba, no Paraná, comparando os rendimentos entre aqueles alunos que tiveram e aqueles que não tiveram a oportunidade de estudar Desenho Geométrico. Os resultados mostraram que os alunos das escolas que ofereceram a disciplina "Desenho Geométrico" apresentaram um desempenho significativamente melhor em relação aos outros. Os professores, por outro lado, opinaram que o "Desenho Geométrico" torna concreto os conteúdos abstratos da Geometria e as duas disciplinas se completam. Muitos especialistas em Educação recomendam que o "Desenho Geométrico" retorne como disciplina obrigatória no currículo das séries finais (6º ao 9º anos) do Ensino Fundamental, recomendando que os conteúdos de Geometria sejam revitalizados tendo em vista uma possível integração com o "Desenho Geométrico".

O professor José Abrantes, após 15 anos lecionando "Desenho Geométrico", no Instituto Fernandes Rodrigues da Silveira, o Colégio de Aplicação da UERJ, e após 23 anos lecionando disciplinas de

Representação Gráfica, para cursos de Engenharia da UERJ, bem como Práticas de Ensino, na Licenciatura em Matemática do IME/UERJ, confirma que, tanto nos cursos de Engenharia, quanto na Licenciatura em Matemática, tiveram melhores rendimentos, aqueles alunos que estudaram as disciplinas "Desenho Geométrico" e "Geometria Descritiva".

É dessa forma que estão desenvolvidos os quatro volumes dos livros de Desenho Geométrico do professor José Abrantes, onde os conteúdos, capítulo a capítulo seguem e interagem com as "Habilidades" descritas na "Área Temática Geometria", citadas na BNCC, do 6º ao 9º ano do Ensino Fundamental. Ou seja, não é apenas ensinar por ensinar Desenho Geométrico, mas sim ajudar e interagir com o ensino e aprendizado da Matemática.

A prática do Desenho Geométrico na prancheta e na forma digital

Já há algum tempo, muitos profissionais, inclusive professores de Matemática, vivem a ilusão ou crença de que os *softwares* e o computador solucionarão os problemas das "formas geométricas" com criatividade e inovação. Embora as novas gerações de profissionais ligados à área gráfica sabem muito bem usar as ferramentas eletrônicas de Desenho, (e são inquestionáveis as potencialidades dos diversos *softwares* existentes), percebe-se a falta de uma base conceitual e atuações automáticas ou "robotizadas". Será que basta apenas saber usar determinados aplicativos e programas, sem conhecer os fundamentos e os conceitos? Será que o ensino de Desenho, seja através de instrumentos analógicos (régua e compasso), seja via programas gráficos, serve apenas para algumas poucas pessoas (projetistas, engenheiros e arquitetos) exercerem suas profissões? Práticas pedagógicas, mostram que o ensino de Desenho Geométrico e da Geometria Descritiva, além de muito auxiliar numa melhor compreensão da Matemática, muito ajuda a desenvolver, tanto o raciocínio lógico, quanto a visão espacial, habilidades fundamentais para a inovação e criatividade, seja em que área for.

A propósito do "pensamento" de algumas pessoas (inclusive professores), que é "besteira" e perda de tempo ensinar Desenho Geométrico e Geometria Descritiva, na Educação Básica, bastando apenas "treinar" o profissional em alguns programas de desenho via computador, deve ser esclarecido que, conforme citado na própria LDB 9.394/96, a Educação Básica não tem como finalidade, apenas, despejar profissionais no mercado. Muito mais do que simples "usuários", todos deveriam aprender a "pensar" e, nisto o ensino de "Desenho Geométrico" muito pode ajudar. O mesmo raciocínio pode ser estendido ao ensino da "Geometria Descritiva".

Por exemplo, de nada adianta "apenas" ensinar alguns comandos do *software* AutoCad®, para estudantes de Engenharia e colocá-los para "fazer" alguns desenhos, de forma automática e sem entender o conceito. Por quê? Porque, na prática, quem desenha com exatidão são os profissionais específicos, chamados desenhistas e projetistas, conhecidos como "Cadistas". Somente em casos muito específicos, é que um engenheiro, realmente, faz um desenho com precisão, por exemplo, no computador. Ou seja, "ensina-se" o uso de uma ferramenta, que não será utilizada constantemente pelo engenheiro, e deixa-se de ensinar, por exemplo, a disciplina, Geometria Descritiva, que irá realçar as inteligências verbo linguística, lógico matemática, viso espacial e pictórica, estas sim, essenciais ao exercício profissional de diversas áreas.

Observação geral: todas as imagens e desenhos deste livro foram produzidas usando o programa Word. Os desenhos onde medidas exatas foram exigidas, primeiro foram gerados em folhas A4, com os instrumentos clássicos como: esquadros, compasso, transferidor e escalímetro.

SUMÁRIO

Capítulo 1

A natureza do desenho geométrico. Tipos de letras. Materiais e instrumentos utilizados. Escalas gráficas e numéricas. O manuseio do par de esquadros

1.1 O desenho geométrico: ensino, importância e aplicações práticas

O desenho geométrico consiste de um conjunto de processos para a construção de formas geométricas, bem como na resolução de problemas de Geometria, ou seja, Matemática. Classicamente, os desenhos geométricos são feitos com a utilização de instrumentos como: régua, compasso e o par de esquadros. Já há anos que desenhos geométricos podem ser feitos com o auxílio de *softwares* específicos, que simulam os traçados executados pelos instrumentos básicos citados.

O aprendizado do desenho geométrico, em muito auxilia a compreensão da Geometria, bem como de partes da Álgebra. Em termos de aplicações práticas reais, os elementos e as figuras geométricas estão presentes nos desenhos técnicos projetivos. Além de básico para áreas como Engenharia, Arquitetura e Desenho Industrial (*Design*), o aprendizado do desenho geométrico ajuda ao desenvolvimento das habilidades pictóricas e visuais, importantíssimas nas mais diversas atividades humanas.

Outra característica do desenho geométrico é permitir a execução de belas obras no campo da chamada "Arte Geométrica". No capítulo 7 deste livro são mostradas diversas composições artísticas geométricas, utilizando os elementos e figuras geométricas, estudadas ao longo do livro.

1.2 Tipos de letras e números padronizados usados em desenho geométrico

Existem dois tipos de letras: a cursiva e a desenhada. A cursiva, também conhecida como "letra de mão", é aquela que compões a escrita individual de cada pessoa. Em desenho geométrico utiliza-se uma letra desenhada, que segue normas técnicas sendo, portanto, padronizada.

A norma ABNT NBR 8402, da Associação Brasileira de Normas Técnicas, fixa as características desta escrita usada em desenhos e documentos, incluindo desenhos geométricos. Pode ser produzida tanto à mão livre, com o auxílio de instrumentos, como por meio do computador.

No Brasil, esta escrita é feita com letras tipo bastão ou letra de imprensa, maiúsculas e minúsculas, podendo ser, tanto na vertical, quanto inclinadas a 75º (75 graus). Os números e símbolos também seguem estas posições. A distância entre os caracteres deve corresponder, no mínimo a, duas vezes a largura da linha, conforme Figuras 1.1 a, b, c e Tabela 1.1. transcritos da norma NBR 8402.

A altura h, que corresponde à altura das letras maiúsculas, possui razão dois (2), correspondente à razão dos formatos de papel usados em desenhos geométricos. O tamanho da letra e ou número está diretamente relacionado ao tamanho da folha. Formatos maiores, admitem letras maiores e vice versa. As alturas h e c não devem ser menores do que 2,5 mm. Na aplicação simultânea de letras maiúsculas e minúsculas, a altura h não deve ser menor que 3,5 mm.

Características	Relação	Dimensões (mm)						
Altura das letras maiúsculas = h	(10/10) h	2,5	3,5	5	7	10	14	20
Altura das letras minúsculas = c	(7/10) h	-	2,5	3,5	5	7	10	14
Distância mínima entre caracteres = a*	(2/10) h	0,5	0,7	1	1,4	2	2,8	4
Distância mínima entre linhas de base = b	(14/10) h	3,5	5	7	10	14	20	28
Distância mínima entre palavras = e	(6/10) h	1,5	2,1	3	4,2	6	8,4	12
Largura da linha = d	(1/10) h	0,25	0,35	0,5	0,7	1	1,4	2

Tabela 1.1: proporções e dimensões de símbolos gráficos
(*Fonte*: NBR 8402)

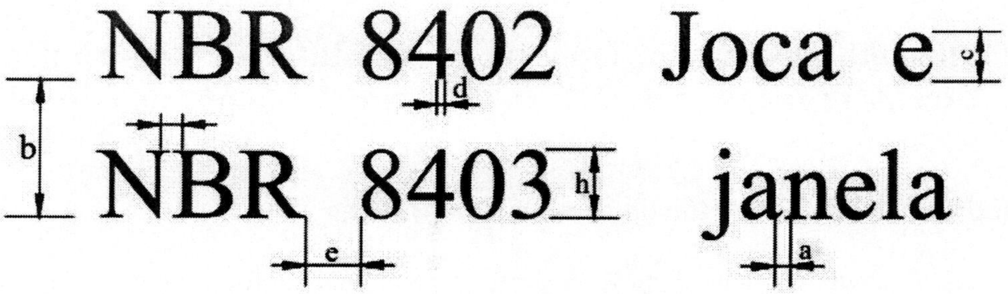

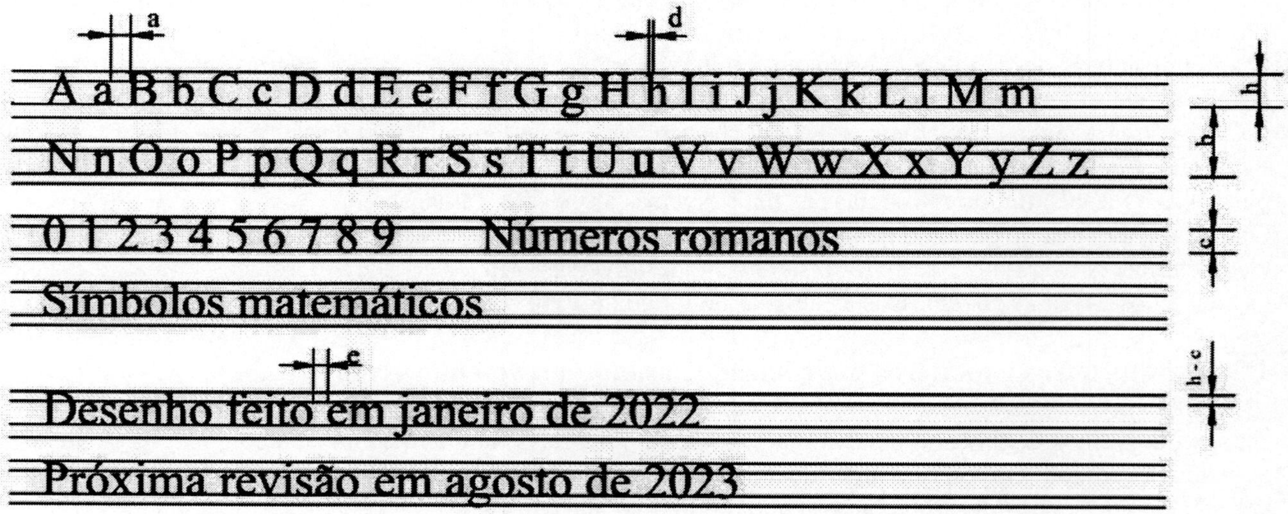

Figura 1.1 (b): características da escrita vertical

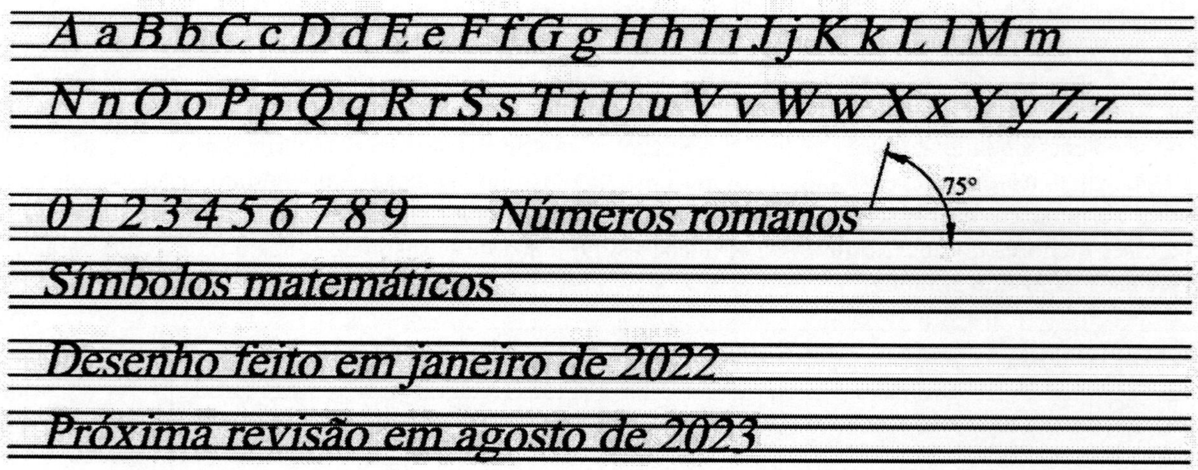

Figura 1.1 (c): características da escrita inclinada

Quando se escreve usando o programa Word, a letra que mais se aproxima da tipo bastão é a Arial.

1.3 Características das folhas de papel usadas em desenhos geométricos (e técnicos)

A Associação Brasileira de Normas Técnicas – ABNT, através da Norma NBR 10068 (Folha de Desenho. Leiaute e Dimensões), define os seguintes formatos (dimensões), que normalmente são usados para a execução de desenhos técnicos profissionais: A0, A1, A2, A3 e A4. Existem outros formatos, mas estes são os mais utilizados. Para desenhos geométricos, executados no Ensino Fundamental do 6º ao 9º ano, podem ser utilizados os formatos A4 ou cadernos de desenhos, com folhas na horizontal (ou deitadas) e sem linhas. Esses cadernos têm as dimensões 275 mm x 200 mm, inclusive com divisões para o aluno colocar seus dados como: nome, turma, nome do professor, data e tipo de trabalho.
Os tamanhos de papel definidos pela norma ABNT 10068 têm a particularidade de a razão entre sua altura e sua largura ser exatamente igual à raiz quadrada de dois ($\sqrt{2}$), o que significa que quando, por exemplo, se unem duas folhas A4 obtém-se uma folha A3, com exatamente o dobro da área e com as mesmas proporções.
O tamanho A4 tem essa designação porque é a quarta divisão consecutiva do tamanho A0, que se caracteriza por ter exatamente um metro quadrado (1 m^2) de área com lados na razão de um para raiz quadrada de dois.
O tamanho ABNT do papel para desenhos técnicos, obedece ao sistema métrico, onde uma folha A0 tem 1 m^2, sendo que uma folha A0 equivale a duas folhas A1 ou quatro A2, oito A3 e 16 A4. A tabela e a figura a seguir mostram as proporções, dimensões e detalhes da folha A4.

Formato	Largura x Altura (mm*)
A0	841 x 1.189
A1	594 x 841
A2	420 x 594
A3	297 x 420
A4	210 x 297

*mm é a abreviatura de milímetro, que é a milésima parte de um metro (m). **cm é a abreviatura de centímetro, que é a centésima parte de um metro. As réguas plásticas, normalmente vendidas com comprimento de 30 cm, têm as divisões maiores em centímetros e as menores em milímetros.

A folha formato A4, muito utilizada em desenho geométrico, além das dimensões: 210 mm (21 cm**) de largura e 297 mm (29,7 cm) de altura, tem uma margem esquerda de 25 mm (2,5 cm) e margens direita, superior r inferior de 7 mm (0,7 cm).

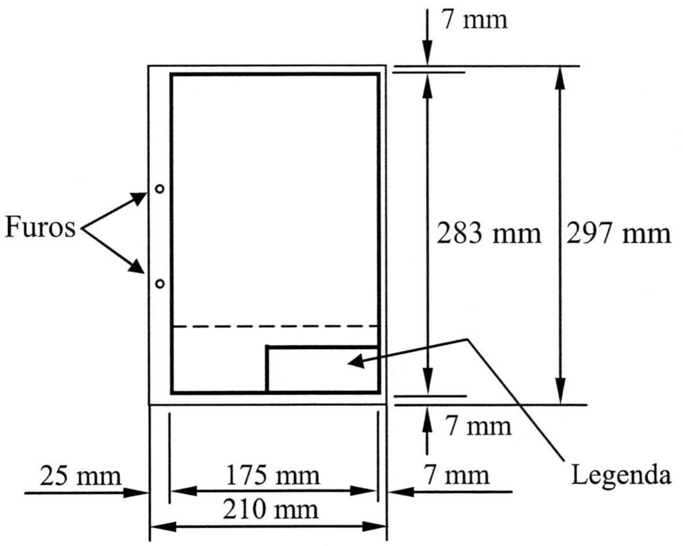

Notas:

1) É na margem esquerda que são feitos os furos para o arquivamento em pastas.

2) É na legenda que são colocadas informações Como: nome, turma, data, etc.

Figura 1.2: detalhes da folha tamanho A4

1.4 Os tipos de grafites usados em desenhos geométricos

Para desenhos feitos à mão com os instrumentos clássicos, são usadas lapiseiras ou lápis, ou seja, grafite. Além de diversas espessuras, existem diversos tipos ou tons de grafite, indo do mais claro, que é o 9H, até o mais escuro, que é o 9B. Observa-se que, quanto mais claro (série H) mais duro e quanto mais escuro (série B), mais macio. Já o grafite usado nos lápis de madeira só apresenta as seguintes quatro classificações: B, H, F e HB. Estas letras vem dos seguintes termos em inglês:

B é *blackness* ou negritude; H é *hardness* ou dureza; F é *fine* ou ponta fina e HB é um tipo de grafite de dureza média, que está entre o H e o B. Considerando uma escala do mais rígido para o mais macio, os grafites apresentam a seguinte classificação:

9H - 8H - 7H - 6H - 5H - 4H - 3H - 2H - H - F - HB - B - 2B - 3B - 4B - 5B - 6B - 7B - 8B - 9B.

Quanto maior o número, mais acentuada é a característica, representada pela letra, ou seja: 9H é mais duro que o 3H, enquanto um 9B é mais macio que o 2B.
Uma dúvida que surge, especialmente entre os iniciantes no desenho geométrico é quanto a qual tipo de grafite usar. Embora a escolha seja pessoal, já que depende inclusive se a pessoa tem a mão mais "pesada" ou mais "leve", podem ser feitas as seguintes recomendações:
Traçado de linhas e escritas, costuma-se usar a dureza média: HB ou F.
De modo geral, utilizam-se os grafites mais duros (série H) para obter traçados claros e os mais suaves (série B) para obter sombras e preencher áreas mais escuras. Deve ser dito que, os mais duros são mais difíceis de serem apagados (usando a borracha tipo plástica), enquanto os mais suaves podem ser totalmente apagados, sem deixar sulcos no papel. Ainda, de forma geral, na prática, do desenho geométrico à mão e instrumentos, usando o papel tipo Canson, trabalha-se normalmente na faixa entre o F, HB e B.

1.5 Tipos de linhas usadas em desenho geométrico

Quanto à forma (morfologia) as linhas podem ser classificadas como:

Linha sinuosa: 

Linha curva: 

Linha mista: 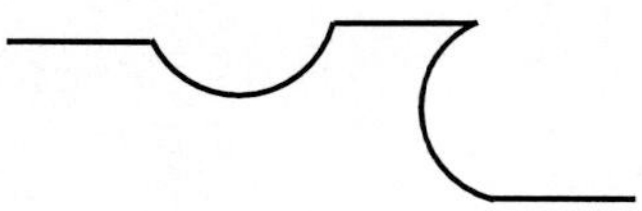

Linha poligonal: 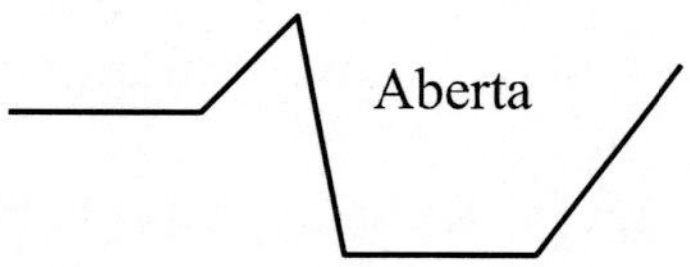 Aberta 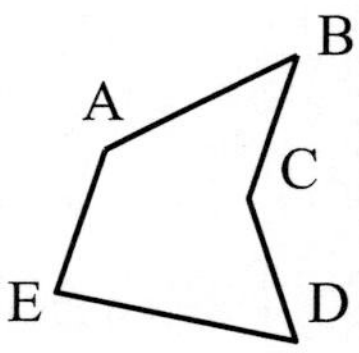

Fechada
(Aqui tem-se um pentágono irregular côncavo)

A palavra poligonal é originária de polígono, onde, em grego, *poli* sinifica vários e *gono* ângulo. Ou seja, é uma linha quebrada com vários ângulos. Polígonos são figuras planas ou linhas poligonais fechadas. No início deste capítulo, os três pontos D, E, F, que definem o plano α, quando unidos (linha tracejada) definem uma figura plana, no caso um triângulo. Como será visto em outro capítulo, triângulo ou trilátero é uma figura plana poligonal, com três lados (DE, DF e EF) e três ângulos. Tri significa três.

Linha ondulada: 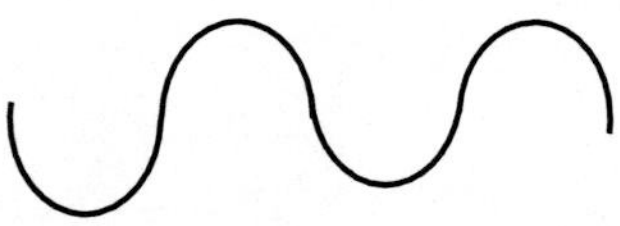

Linha reta contínua (segmento de reta AB): A ———————— B

Linha reta interrompida ou tracejada (segmento de reta CD): C - - - - - - - - - - - - - - - - - D

Linha reta traço e ponto (ou linha de centro ou de simetria): E —·—·—·—·—·—·—·— F
(É usada, por exemplo, para definir o ponto do centro de uma circunferência).
*O centro é onde se coloca a ponta seca ou metálica do compasso.

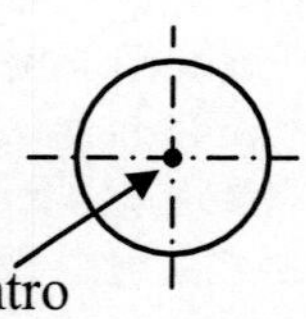
*Centro

1.6 Classificação dos segmentos de retas, quanto às posições no plano

Quanto à posição isolada, os segmentos de retas ou linhas são classificados como: horizontais, verticais e inclinadas.

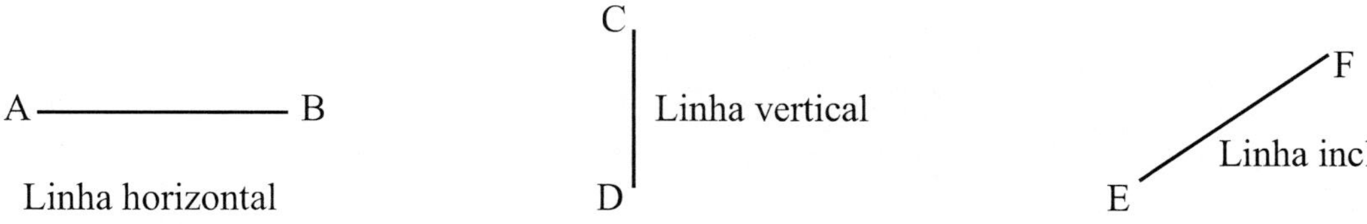

Linha horizontal — Linha vertical — Linha inclinada

Quanto à posição relativa, as linhas são classificadas como: paralelas, perpendiculares e oblíquas.

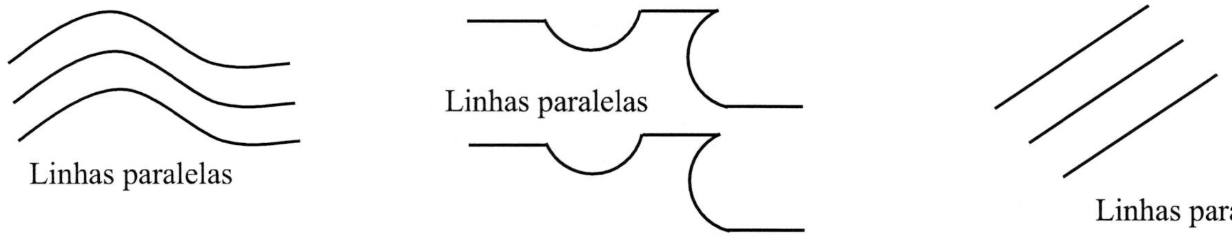

Linhas paralelas — Linhas paralelas — Linhas paralelas

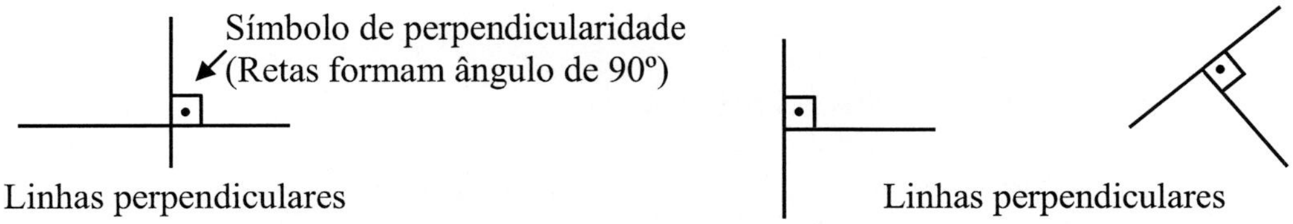

Linhas perpendiculares — Linhas perpendiculares

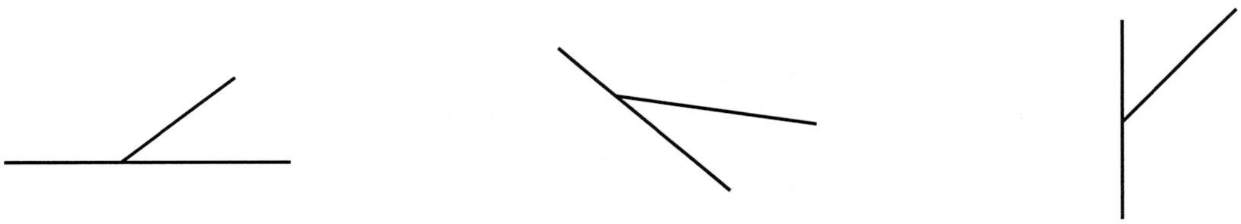

Linhas oblíquas (inclinadas, uma em relação à outra)

1.6.1 Exemplos de aplicações de segmentos de retas

Na prática da Matemática, os segmentos de retas são muito utilizados, por exemplo, no estudo de polígonos.

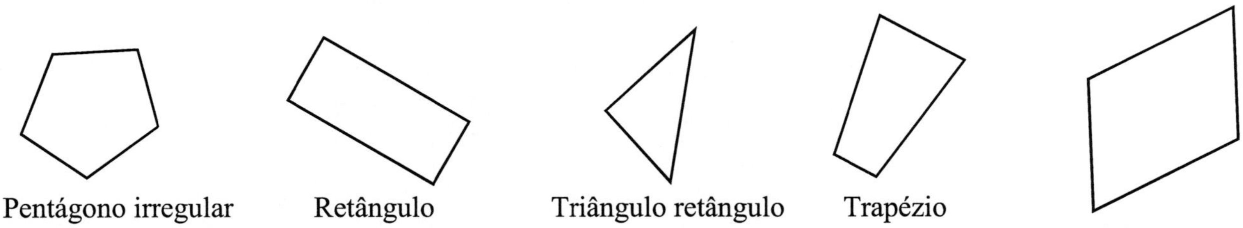

Pentágono irregular (cinco lados não iguais) — Retângulo — Triângulo retângulo — Trapézio — Paralelogramo

Observa-se que, propositadamente, esses polígonos foram desenhados de forma inclinada. A razão é mostrar que, dependendo do problema a ser estudado, os segmentos de retas podem se apresentar em quaisquer posições.

Baseado em Euclides de Alexandria (325 a.C. - 265 a.C.), podem ser citados quatro elementos básicos do estudo da Geometria: o ponto, a linha, o plano e o sólido.

• O ponto. Não tem dimensão.

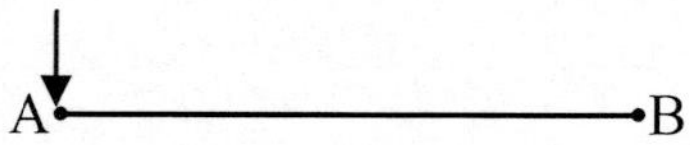

A linha (segmento AB). Tem apenas uma dimensão: comprimento ou módulo.

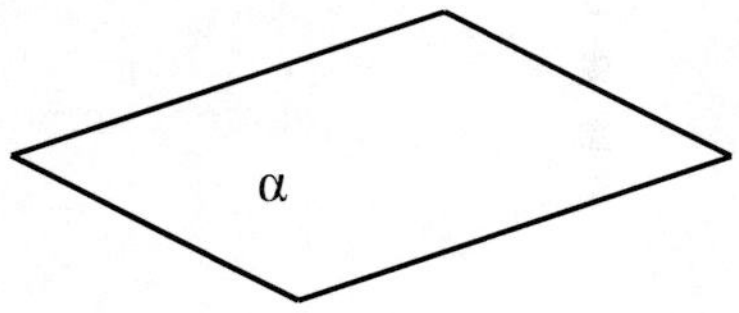

O plano. Tem duas dimensões (comprimento e largura).
(uma folha de papel é um bom exemplo de plano).

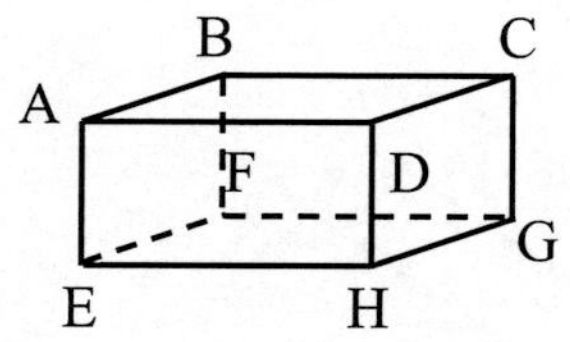

O sólido. Tem três dimensões.

Nesse prisma de base retangular, ocorrem:

Pontos: A, B, C, D, E, F, G e H.
Linhas: AB, CD, EF, GH, AD, BC,EH e FG.
Planos: ABCD, EFGH, ABEF,
CDGH, ADEH e BCFG

Geometricamente, esses pontos são chamados vértices, as linhas são arestas e os planos faces.

Um bom exemplo prático da ocorrência dos quatro elementos básicos da Geometria é o de uma caixa de papelão, como o prisma citado acima.

1.7 Os materiais para a prática do desenho geométrico

O desenho geométrico pode ser feito, tanto usando os principais instrumentos clássicos, chamados analógicos: régua, compasso e esquadro, quanto por programas de computador ou *softwares*, como citados adiante.

A régua graduada: é uma régua de plástico transparente, normalmente vendida nos comprimentos de 10, 15, 20, 30, 40 e 50 centímetros. Este tipo de régua, em geral a de 20 cm, atende muito bem aos objetivos dos conteúdos da disciplina Desenho Geométrico, para os 6º e 7º anos do Ensino Fundamental. Para os 8º e 9º anos, recomenda-se o uso das escalas triangulares ou escalímetros.

A escala triangular ou escalímetro: embora, na prática, não seja normal usar escalas no ensino da disciplina Desenho Geométrico, é importante citar o instrumento chamado escala triangular ou escalímetro, que em geral, é usado na disciplina "Desenho Técnico Projetivo", estudada tanto em cursos técnicos de nível médio, quanto em cursos superiores como Arquitetura, Desenho Industrial ou *Design* e Engenharia.
Como o Desenho Técnico Projetivo é utilizado para representação de objetos, peças, máquinas, equipamentos, prédios e até sistemas completos e complexos de produção industrial, concluí-se que, nem sempre será possível representar os objetos em suas verdadeiras grandezas. Portanto, para permitir a execução dos desenhos, os objetos e peças grandes precisam ser representados com suas dimensões reduzidas, enquanto os objetos, ou detalhes, pequenos necessitarão de uma representação ampliada. Por exemplo, o desenho de uma planta de uma casa é feito com uma escala de redução (em geral 1:50), já o desenho de um alfinete, devido seus detalhes mínimos, será feito com uma escala de ampliação (por exemplo, 5:1).

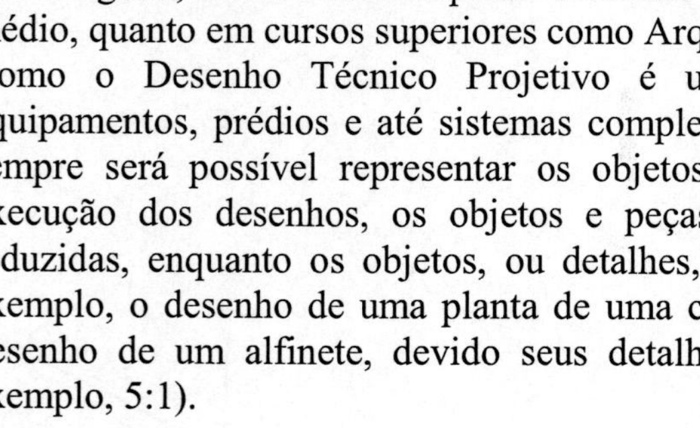

Este é o formato dos escalímetros, normalmente vendidos no comércio de artigos de desenho técnico e usado por desenhistas e outros profissionais da área.

O par de esquadros sem escala ou liso (sem marcação de medidas): embora no comércio existam pequenos esquadros de plástico, com marcações em centímetros e milímetros, em uma das bordas, o autor não recomenda o uso dos mesmos, pois, embora sejam mais baratos do que os recomendados a seguir, quebram com muita facilidade, além do fato de que medidas devem ser feitas com réguas ou escalímetros. O par de esquadros recomendado, a seguir descrito, são chamados de esquadros para Desenho Técnico, fabricados em acrílico, com dois milímetros (2 mm) de espessura.
O par de esquadros é composto por um triângulo isósceles, com dois ângulos de 45º (quarenta e cinco graus) e outro triângulo escaleno, com um ângulo de 30º (trinta graus) e um ângulo de 60º (sessenta graus). Os esquadros são utilizados para traçar retas paralelas e perpendiculares, além de ângulos, como será detalhado mais a frente. Os dois esquadros são diferentes na forma e nas medidas.
No mercado existem pares de esquadros das mais variadas dimensões, mas para os objetivos do ensino de Desenho Geométrico, no Ensino Fundamental, esquadros com a hipotenusa do esquadro de 45º igual a cerca de 21 cm, e o lado maior do esquadro de 30º , 60º de 26 cm, atendem e permitem todas as atividades da disciplina.

O compasso: a função principal do compasso é traçar circunferências e arcos, sendo fundamental, por exemplo, para o desenho de concordâncias. Outra função importante do compasso é transferir medidas e fazer marcações. Existem diversos tipos de compassos à venda no mercado, desde os mais simples, de baixo preço até estojos de compasso com vários acessórios, de alto custo. Para as atividades da prática do Desenho Geométrico, deve ser utilizado um compasso chamado para "Desenho Técnico", de metal e com articulações que permitam traçar circunferências de até 20 centímetros de diâmetro, ou seja, 10 centímetros de raio.
Ao adquirir um compasso com essas características, o aluno terá um material para uso em todo o Ensino Fundamental e Médio, também podendo ser utilizado nos cursos superiores de Arquitetura, *Design* e Engenharia.

Lápis preto, lapiseiras e lápis de cor: para a prática da disciplina Desenho Geométrico, tanto podem ser usados lápis preto, quanto lapiseiras, sendo estas mais caras. O lápis tem o inconveniente de precisar ser apontado, à medida que vai sendo utilizado, pois o grafite do lápis vai sendo depositado no papel. No caso da lapiseira, basta ir regulando a ponta do grafite. Tanto no lápis, quanto na lapiseira, devem ser utilizados o grafite B. Para ir afinando a ponta do lápis pode-se usar lixa de unha.
Como na prática do Desenho Geométrico é possível a prática da chamada "Arte Geométrica", ou seja, desenhos geométricos coloridos, também recomenda-se ter uma caixa de 12 lápis de cor, normalmente já solicitada e usada nas aulas de Educação Artística.

Transferidor: é um instrumento para marcar ângulos, diferentes daqueles que têm no par de esquadros. Recomenda-se o uso do transferidor de 360 graus, de plástico, como na imagem, e na espessura de 3 mm.
No mercado existem à venda diversos tipos de transferidores, a grande recomendação é que seja um com a marcação dos 360 graus, ou seja, no formato de uma circunferência. Existem também os de meia circunferência, mas que não são os mais adequados para a prática dos Desenhos Geométricos.

Borracha plástica, para desenho a grafite em papel: existem vários modelos, em várias cores. Outra opção são as chamadas borrachas plásticas tipo caneta, que são redondas e também funcionam bem para a prática do Desenho Geométrico. Também são apresentadas em várias cores. Não devem ser usadas as clássicas borrachas na cor verde, pois mais sujam o papel do que apagam.

Caderno para execução dos desenhos geométricos: deve ser utilizado caderno em espiral, com capa dura, com folha branca lisa e papel *canson*. Observa-se que as folhas de papel A4, normalmente fornecidas em pacotes com 100 ou 500 folhas, não são as mais adequadas para a prática da disciplina Desenho Geométrico. No caderno em espiral com capa dura, o aluno do Ensino Fundamental, vai mantendo, ano após ano, todas as atividades juntas, tal e qual os cadernos das demais disciplinas. Tal e qual a Matemática, o aprendizado do Desenho Geométrico é um processo acumulativo, ou seja, o aluno vai utilizar no 8º ano, as bases que estudou no 6º e 7º e assim sucessivamente.

Pasta plástica para a guarda e transporte do material de desenho: é a pasta onde devem ser guardados e mantidos, todos os materiais de desenho já citados. Tanto podem ser usadas as pastas de aba tipo elástico (menor custo), quanto as de alça. As de aba tipo elástico são mais apropriadas para colocar na mochila, que carrega também outros cadernos e livros, de outras disciplinas.

1.8 O manuseio do par de esquadros

Com os esquadros de 45º e 30º x 60º é possível inúmeras posições, permitindo o traçado de retas paralelas, perpendiculares, bem como de ângulos dos próprios esquadros. A seguir são mostradas as posições mais utilizadas, para traçar retas na horizontal e na vertical, bem como perpendiculares entre si, observando-se que existem inúmeras possibilidades de posições. É importante que os dois esquadros sejam usados ao mesmo tempo, seja qual for a posição adiante, pois assim permitem o traçado de paralelas e perpendiculares, com apenas uma movimentação ou deslizamento.

Esquadro de 45º na vertical

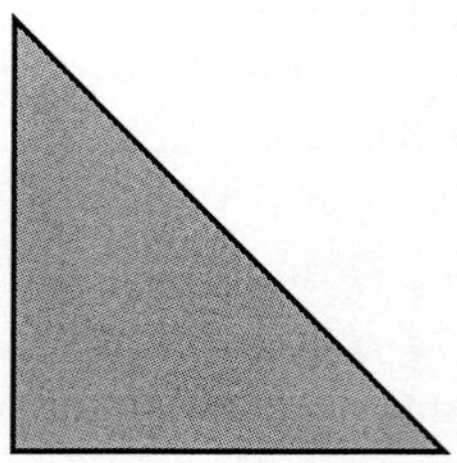

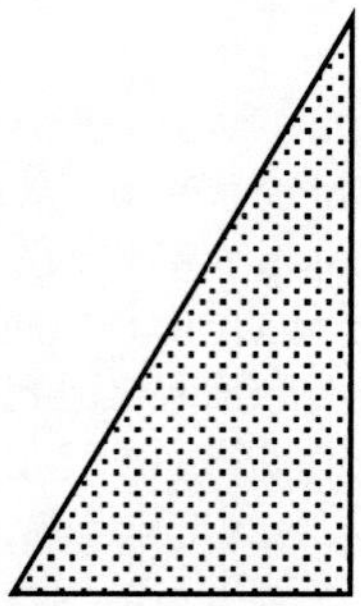

Esquadro de 30º x 60º na vertical

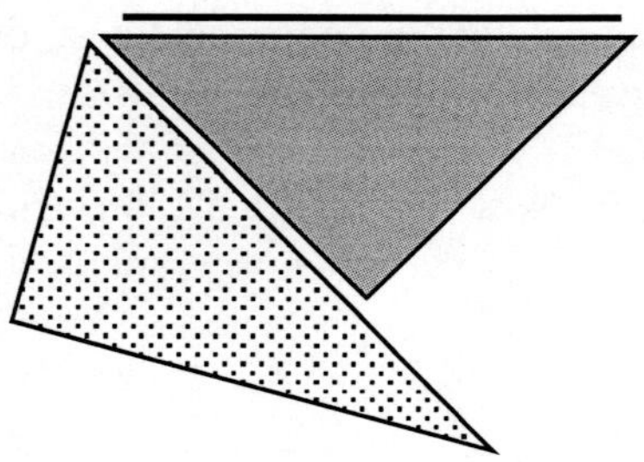

← ou →

Para desenhar linhas horizontais.
O esquadro de 30º x 60º pode ficar posicionado à esquerda ou à direita.

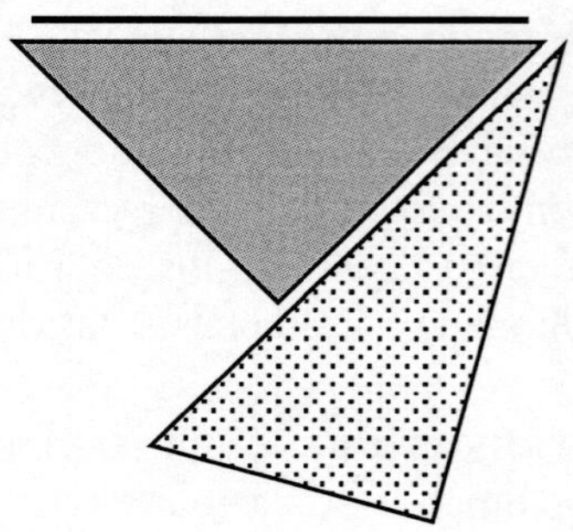

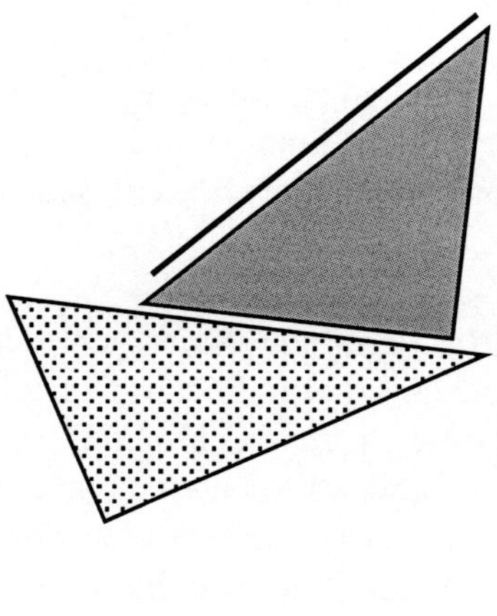

← ou →

Para desenhar linhas inclinadas, à direita ou à esquerda.

Observa-se que, com o deslizamento dos esquadros, para cima ou para baixo e para os lados, são traçadas retas paralelas.

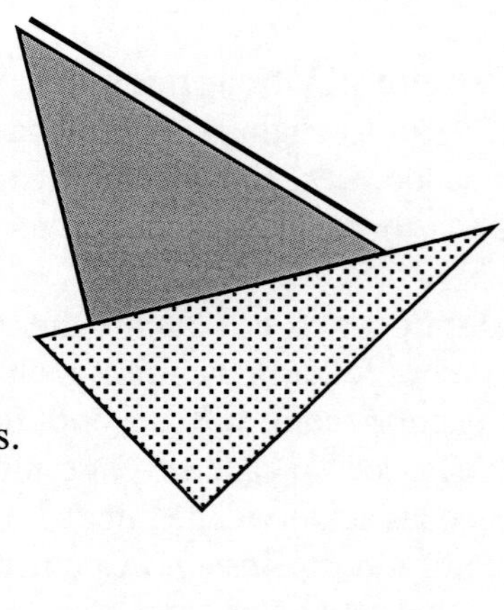

1.8.1 Traçando retas paralelas com o par de esquadros

Com a movimentação e o deslizamento dos esquadros, para a direita e/ou para a esquerda, para cima e/ou para baixo, é possível traçar retas paralelas, nas mais diversas posições, como a seguir mostrado. Observa-se que, na internet é possível visualizar todos esses movimentos, com vídeos aulas, onde professores demonstram, tanto na lousa, quanto em folhas de papel, os mais variados movimentos, para obter retas paralelas, nos mais diferentes sentidos.

Paralelas horizontais

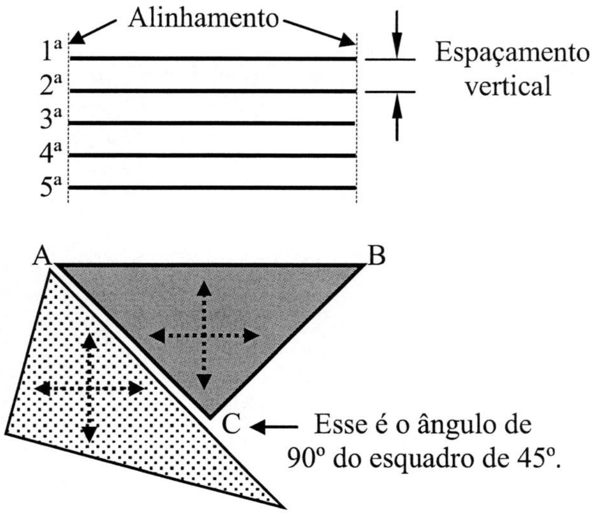

Para essa sequência de cinco retas horizontais paralelas de mesmo comprimento, a partir da 1ª, os dois esquadros vão sendo movimentados da seguinte forma: o de 30° x 60° para baixo e um pouco para a esquerda e direita, e o de 45° para baixo, mas também para a esquerda e para a direita, de forma se ter as paralelas com o mesmo espaçamento e alinhamento.

Essa sequência de movimentos, permite traçar várias paralelas, de mesmo comprimento, com o mesmo espaçamento vertical.

O traçado das paralelas é de cima para baixo, para não se correr os esquadros sobre linhas já traçadas, o que pode "sujar" a folha, ao se passar o esquadro sobre as linhas já traçadas.

Observa-se que, os vértices A, B e C, são os do esquadro de 45°.

Paralelas inclinadas à esquerda a 45° **Paralelas verticais**

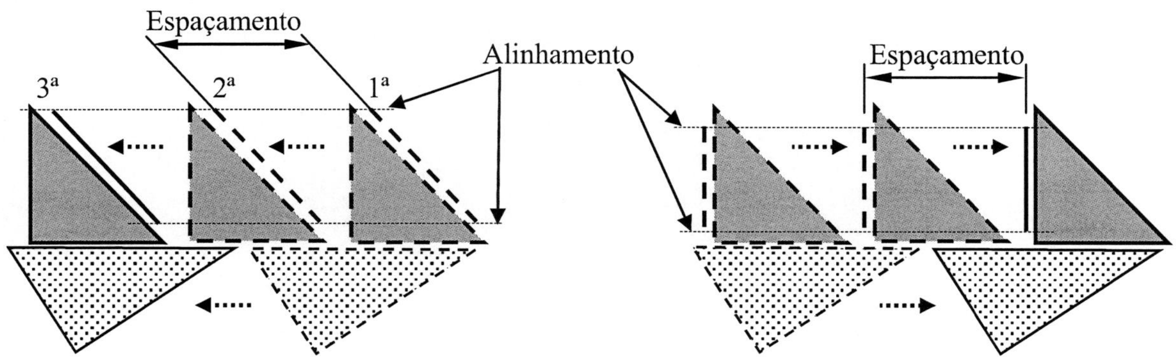

Os dois esquadros se movimentam apenas para a esquerda, para não correrem sobre linhas já traçadas.

Os dois esquadros se movimentam apenas para a direita, para não correrem sobre linhas já traçadas.

1.8.2 Traçando retas perpendiculares com o par de esquadros

Obviamente retas são perpendiculares a uma reta "r" já traçada, seja horizontal, vertical ou inclinada à direita ou à esquerda. A seguir é mostrada a sequência de uma perpendicular "s" a uma reta horizontal "r".

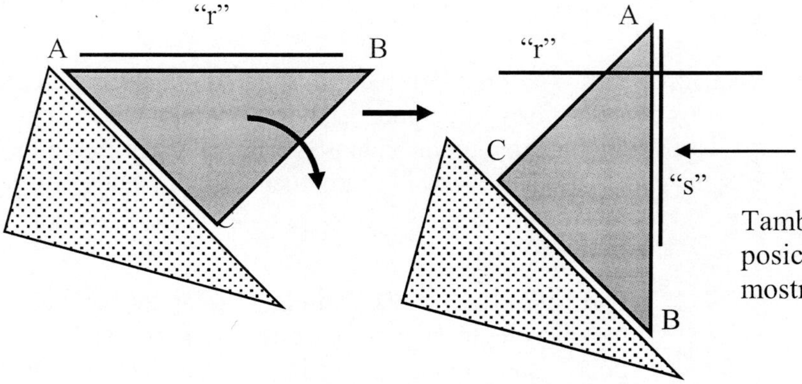

Esta é a reta perpendicular "s".

Também se obtém uma perpendicular, posicionando os esquadros como a seguir mostrado:

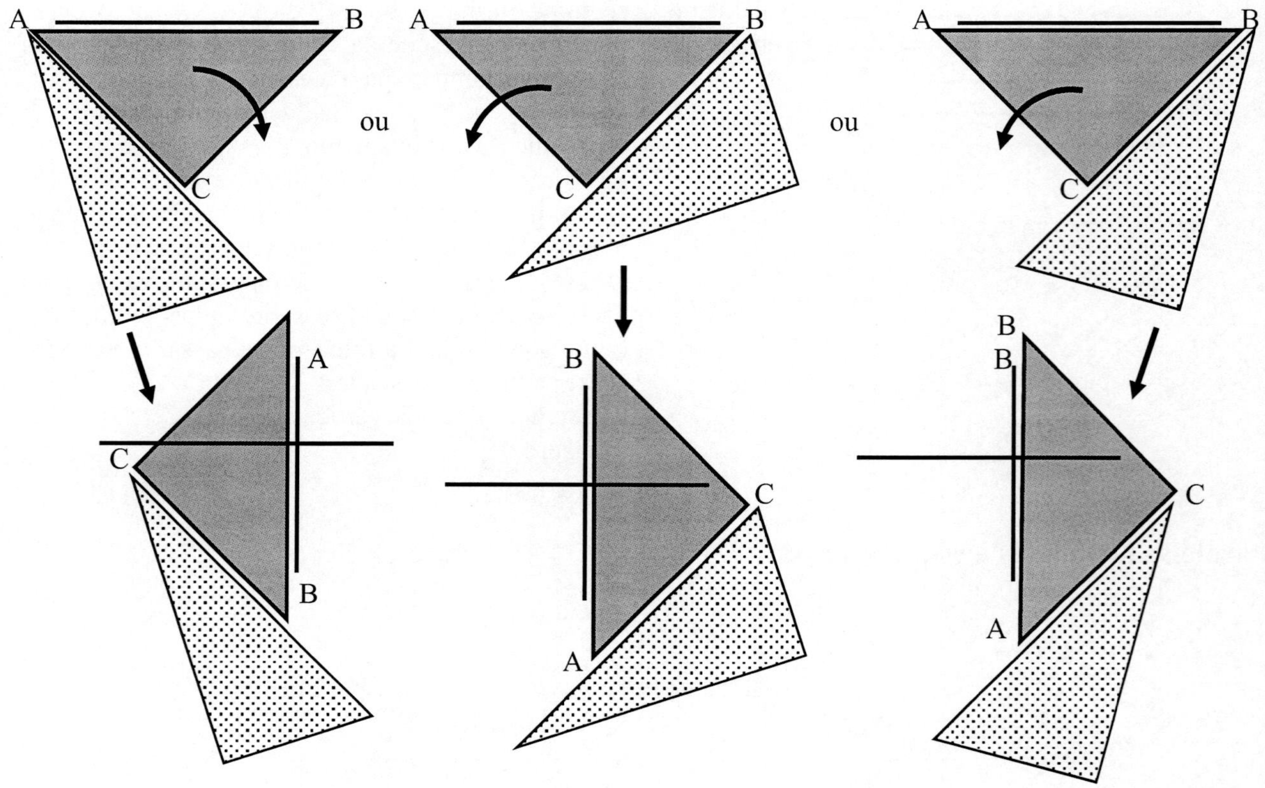

A confirmação de que, realmente se têm perpendiculares, pode ser feita, usando um dos esquadros, posicionando o ângulo reto de 90º como mostrado a seguir:

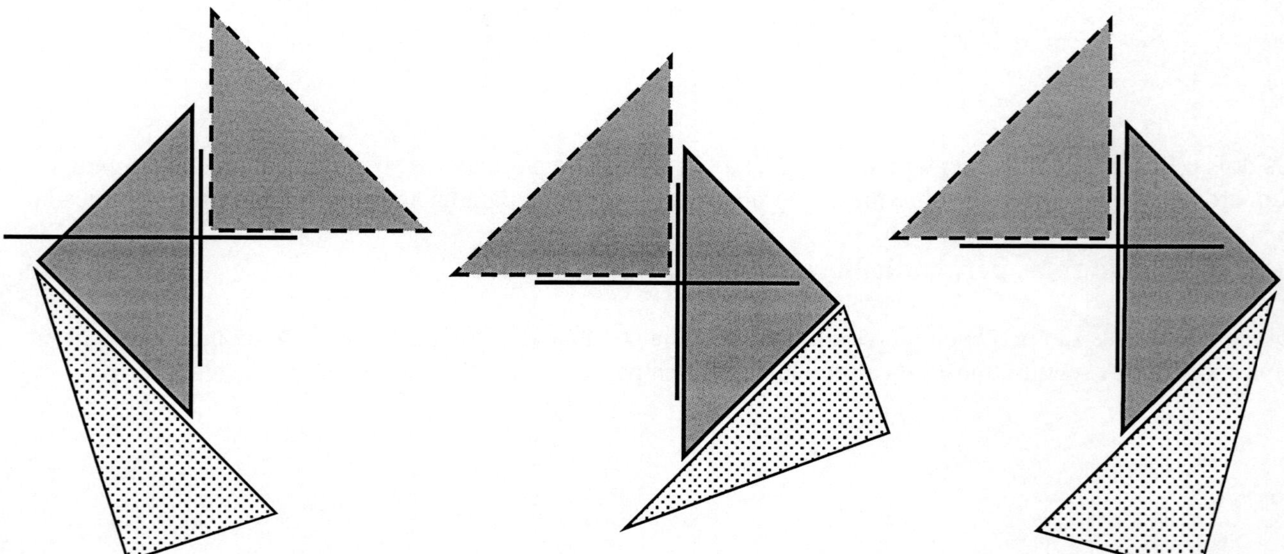

1.9 Exercícios resolvidos

1.9.1) Utilizando o par de esquadros e a régua (ou o escalímetro), trace quatro linhas horizontais paralelas, finas (conhecidas como linhas guias), de comprimento 16 cm, para altura de letras maiúsculas tipo bastão, de 5 mm ou 0,5 cm. Entre uma linha e outra de letras, deixe um espaço vertical de 3 mm. Essas quatro linhas paralelas resultam em duas linhas para a escrita do seguinte texto: OS DESENHOS TÉCNICOS PROJETIVOS TÊM MUITOS DESENHOS GEOMÉTRICOS.

O traçado das paralelas horizontais obedece ao parágrafo 1.8 e o traçado das paralelas com espaço vertical de 3 mm obedece ao parágrafo 1.8.2.

Desenho das linhas:

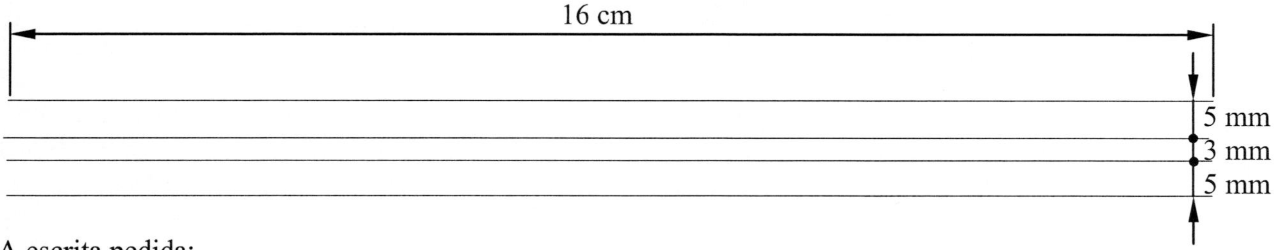

A escrita pedida:

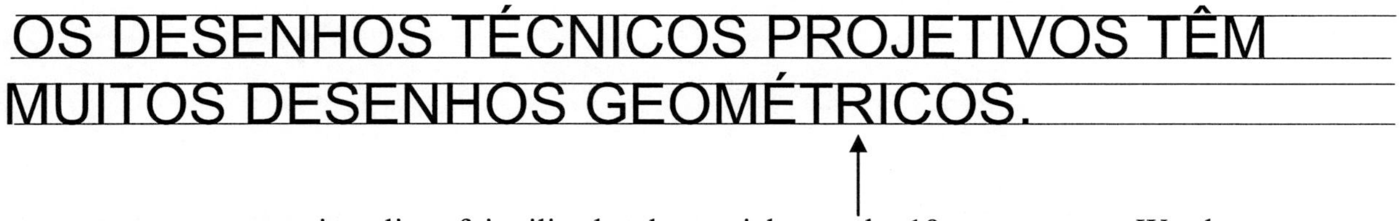

Observa-se que no texto acima, livro foi utilizada a letra arial tamanho 19, no programa Word.

1.9.2) Utilizando o par de esquadros, segundo o parágrafo 1.8 traçar linhas guias com o esquadro de 45° e desenhar: a) ângulo de 30° à direita e para cima; b) ângulo de 60° à esquerda e para baixo e c) ângulo de 45° para baixo e à esquerda.

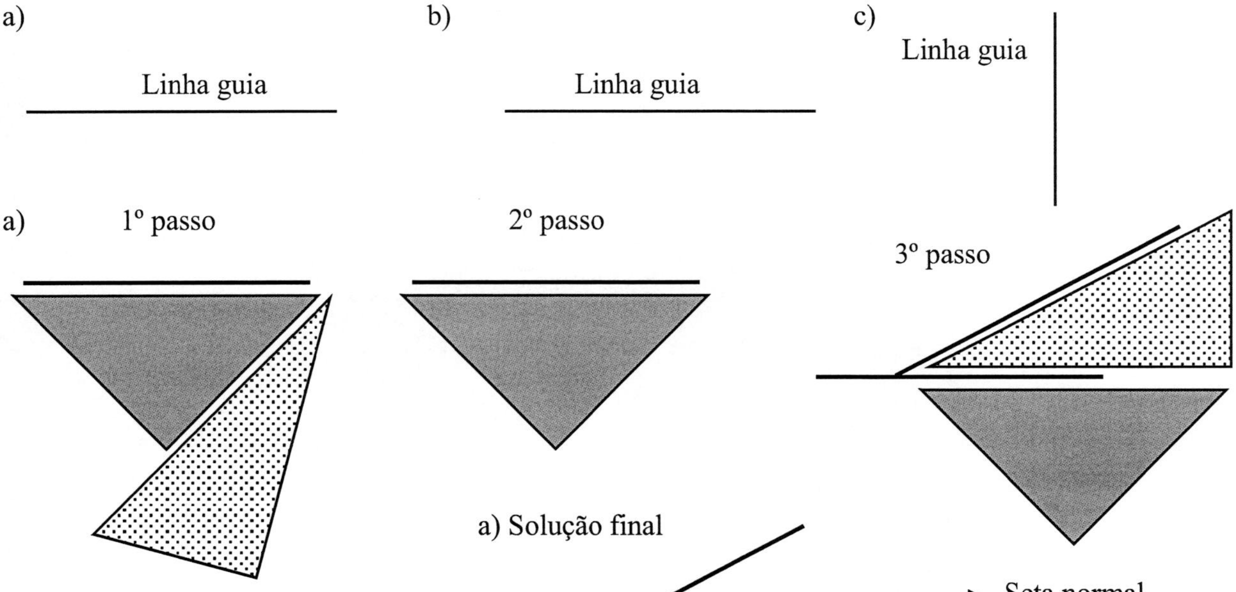

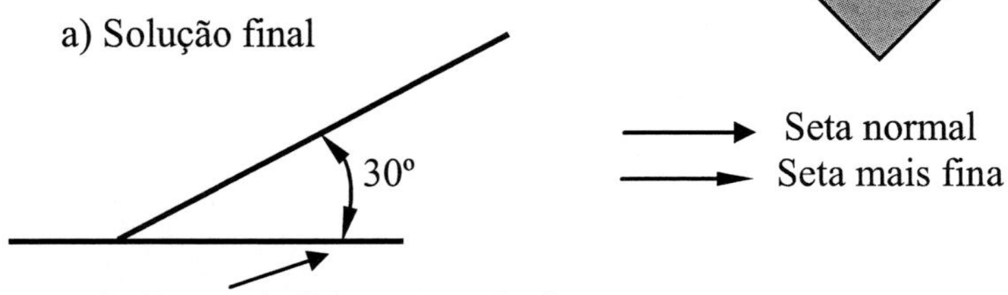

As setas que indicam medidas são mais finas.

b)

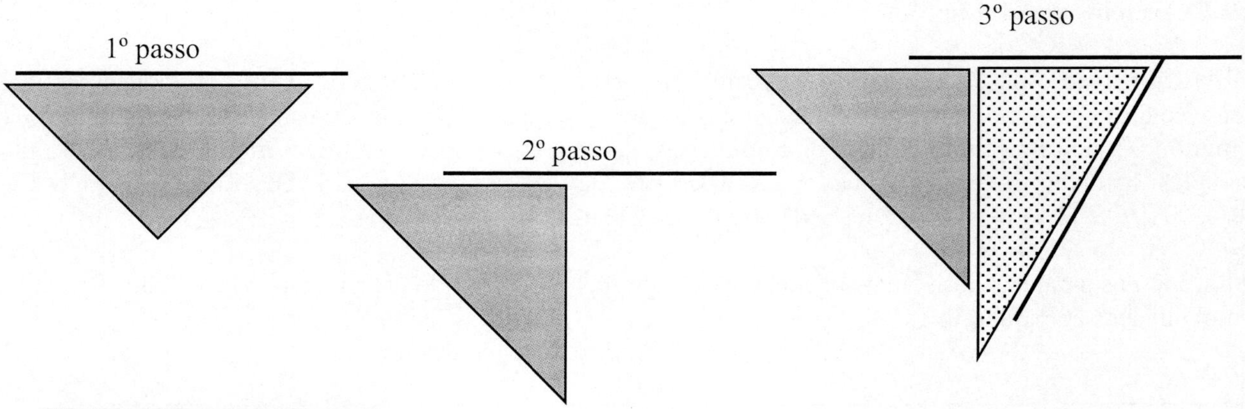

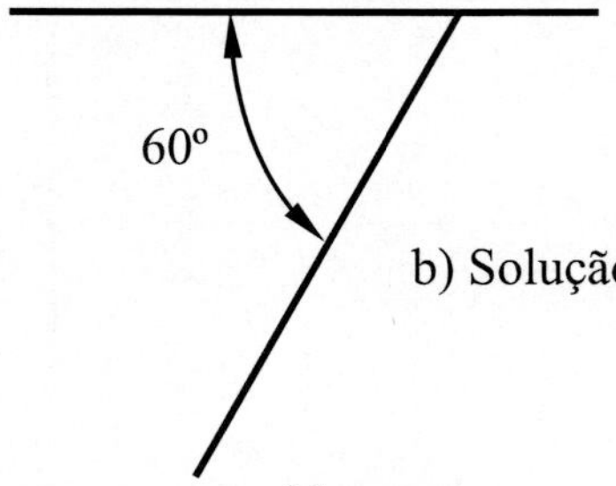

b) Solução final

Observa-se que existem outras posições possíveis, para se chegar ao mesmo resultado. Também é fato que pessoas destras e canhotas possam posicionar os esquadros de formas diferentes, para obter o mesmo resultado.

c)

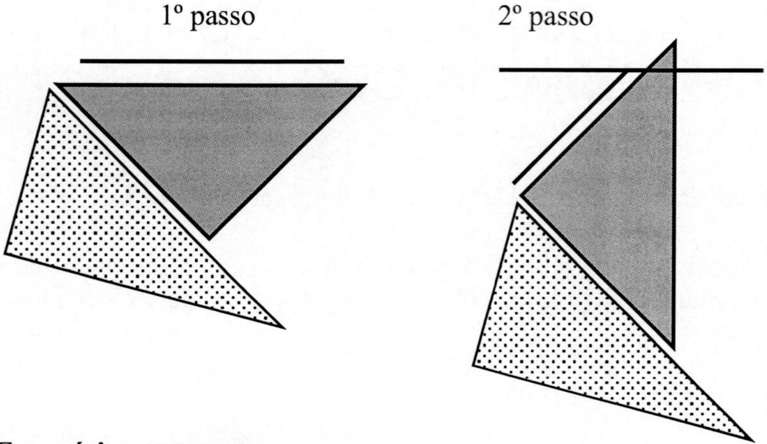

c) Solução final

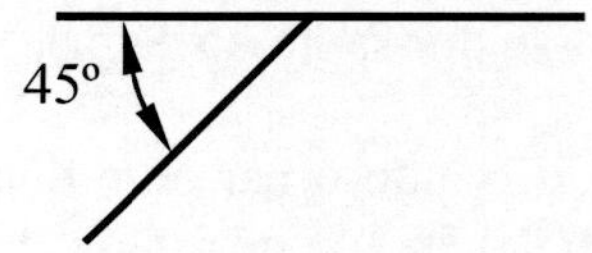

1.10 Exercícios propostos

1.10.1) Utilizando o par de esquadros e a régua (ou o escalímetro), trace quatro linhas horizontais paralelas, finas (conhecidas como linhas guias), de comprimento 16 cm, para altura de letras maiúsculas tipo bastão, de 3 mm. Entre uma linha e outra de letras, deixe um espaço vertical de 2 mm. Essas quatro linhas paralelas resultam em duas linhas para a escrita do seguinte texto: O PROJETO DE PRODUTOS INDUSTRIAIS ENVOLVE A EXECUÇÃO DE VÁRIOS DESENHOS GEOMÉTRICOS.

1.10.2) Considerando as linhas guias a seguir, desenhar ângulos de 30º, 45º e 60º à direita.

a)

Linha guia

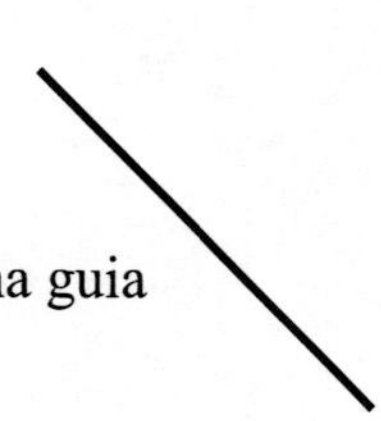

b)

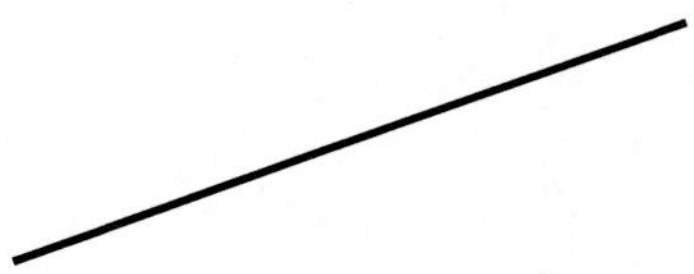

c)

Capítulo 2

A trigonometria no círculo e nos triângulos. Aplicações envolvendo triângulos, quadriláteros e polígonos inscritos e circunscritos

Trigonometria é uma das áreas da Geometria, que relaciona ângulos e medidas, podendo ser estudada nos triângulos e no círculo. A trigonometria estuda diversas relações chamadas: seno (sen), cosseno (cos), tangente (tg), cotangente (cotg), secante (sec) e cossecante (cossec). Os conceitos e relações trigonométricas são fundamentais para uma série de análises e cálculos, em especial vários aplicados aos triângulos, quadriláteros e polígonos, como serão vistos em exercícios deste capítulo.
A palavra trigonometria, relacionada aos triângulos retângulos, é composta por três termos em grego com os seguintes significados: tri = três + gono = ângulo + metron = medir ou medida, ou seja: medida ou relação entre três lados.
Foi o astrônomo grego Hiparco (190 a.C. - 125 a.C.), considerado o pai da Astronomia, quem pela primeira vez utilizou relações entre os lados e os ângulos de um triângulo retângulo, por volta de 140 a.C, sendo considerado o iniciador da Trigonometria. Ao longo dos séculos a trigonometria foi sendo estudada em várias partes do mundo, em especial na Índia e Egito. O primeiro tratado de Trigonometria, feito de maneira sistemática, chamado "*De Triangulis*" ou "Tratado dos Triângulos", foi escrito pelo matemático e astrônomo alemão Johannes Müller von Königsberg (1436-1476), também conhecido por Regiomontanus, Regiomontano, ou simplesmente por Hans Müller. Ele desenvolveu a parte mais conhecida da obra na cidade de Nuremberg, na Alemanha. Foi o inventor dos sinais + e -, em um manuscrito de 1456, quando tinha apenas 20 anos de idade.

2.1 Trigonometria nos triângulos retângulos

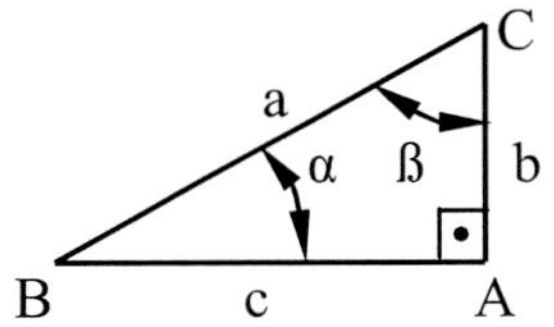

Num triângulo retângulo existem as três relações trigonométricas principais: o seno, o cosseno e a tangente. O seno ou sen de um ângulo é definido como a relação entre o cateto oposto desse ângulo e a hipotenusa. Nesse caso: sen α = b/a e sen ß = c/a.

O cosseno define a relação entre o cateto adjacente e a hipotenusa, portanto: cos α = c/a e cos ß = b/a. A tangente ou tg de um ângulo é definida como a relação entre cateto oposto e cateto adjacente e, portanto, nesse caso: tg α = b/a e tg ß = c/b.

Análise do triângulo pitagórico 3 cm, 4 cm e 5 cm:

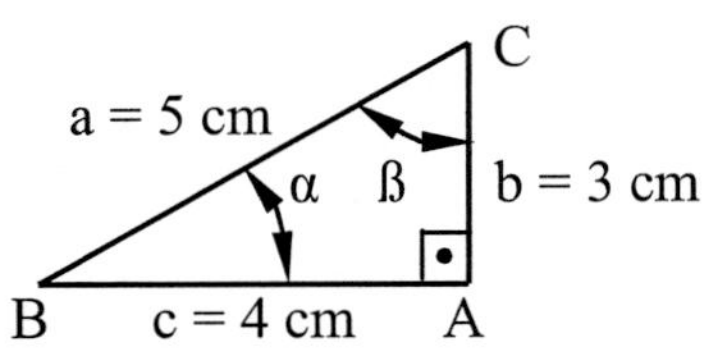

Pelo visto acima:

sen α = b/a = 3 cm/5 cm = 3/5 = 0,6. cos α = c/a = 4 cm/5 cm = 4/5 = 0,8.
sen ß = c/a = 4 cm/5 cm = 4/5 = 0,8. cos ß = b/a = 3 cm/5 cm = 3/5 = 0,6.
tg α = b/c = 3 cm/4 cm = 3/4 = 0,75. tg ß = c/b = 4 cm/3 cm = 4/3 = 1,333.

O que isso significa? Ou melhor, por exemplo: o que significa cos ß = 0,6 e sen ß = 0,8?

O significado é que: existe um ângulo cujo cosseno é igual a 0,6 e um ângulo cujo seno é igual a 0,8. Legal, e daí?

A resposta, explicação e visualização desses valores é mostrada a seguir, quando se detalha o famoso círculo trigonométrico*, ou melhor, as origens das funções trigonométricas no círculo.

*O conceito de círculo e ângulo trigonométricos foi mostrado no capítulo 4, parágrafo 4.4, do segundo volume do livro "Desenho Geométrico e Geometria II".

2.2 Origem das funções trigonométricas no círculo

Considerando-se o círculo trigonométrico como de raio igual à unidade (r = 1), pode-se representar graficamente, tanto as três funções básicas: seno (sen), cosseno (cos) e tangente (tg), quanto as três secundárias ou inversas: cossecante (cossec), secante (sec) e cotangente (cotg).
Cossecante é o inverso do seno, a secante é o inverso do cosseno e a cotangente é o inverso da tangente.
O círculo a seguir mostra a imagem geométrica das seis funções trigonométricas, referindo-se a um ângulo α no 1° quadrante. Observa-se que, especialmente na Educação Básica, só são utilizadas as três funções básicas: seno, cosseno e tangente.

Imagem geométrica das seis funções básicas, no 1° quadrante:

O desenho a seguir mostra o círculo trigonométrico, cujo raio é unitário, ou seja: raio igual a um (1). Como o raio do círculo é igual a 1, significa que no triângulo retângulo ABC, a hipotenusa é igual a 1, ou seja, as relações com a hipotenusa, são divisões por 1, simplificando as análises.

Como visto no volume 2 desta coleção, capítulo 4, o círculo trigonométrico é dividido em quatro quadrantes e aqui serão abordadas apenas as seis linhas trigonométricas no 1° quadrante.

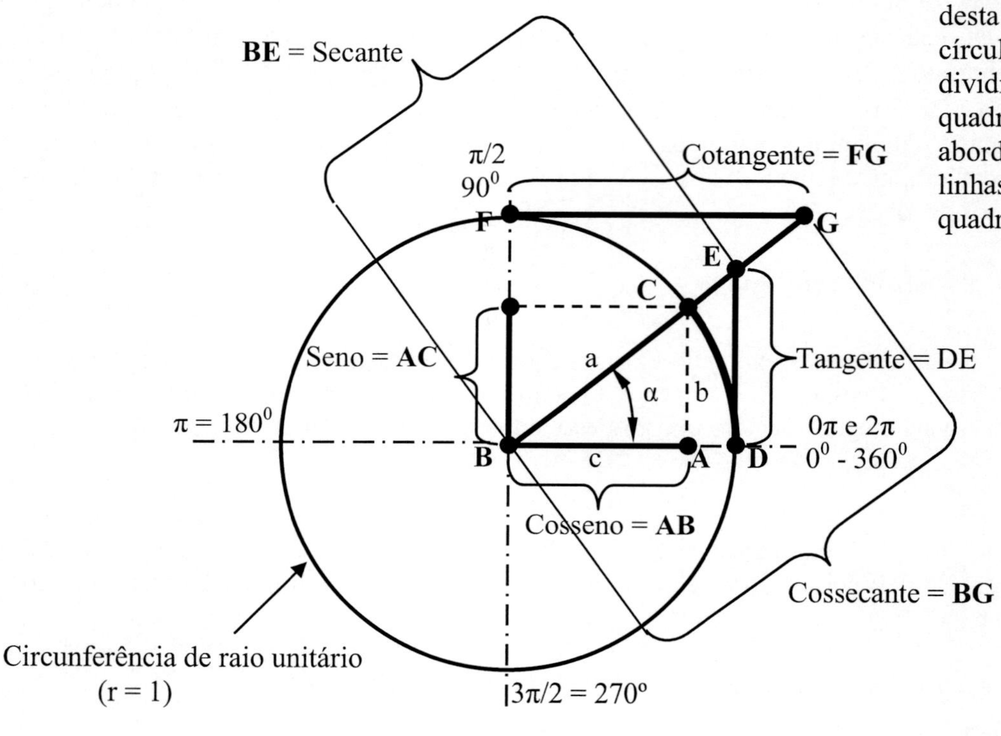

O ângulo α delimita o arco CD na linha da circunferência. Quando se diz que sen α = b/a ou sen α = b/1, isso significa que o arco CD de ângulo α tem um seno igual à medida de b. Ou seja, por exemplo, se eu conheço o valor numérico do seno de um determinado ângulo em um triângulo retângulo, basta acessar uma tabela trigonométrica para saber qual ângulo tem aquele seno. Quando se quer saber qual ângulo tem determinada linha trigonométrica, em verdade se atua com a função inversa e, por exemplo, no caso do seno, se queremos saber qual ângulo ou arco tem o seno igual a 0,5 escreve-se: arcsen (0,5). Antigamente, antes da década de 1970, existiam livros impressos com centenas de páginas, com os valores de milhares de linhas trigonométricas. Já há muitos anos que existem máquinas de calcular, de baixo preço, que com simples toques mostram os valores das linhas que se deseja. Por óbvio também se pode acessar um computador ou *smartphone*, para ter os valores.
Considerando um ângulo α igual a 30°, usando uma máquina de calcular tem-se que sen 30° = 0,5. Ou seja, considerando o triângulo ABC no círculo acima, o seno de 30° é igual ao cateto b, que é igual a 0,5, que é igual à metade do raio unitário 1. Ainda nesse caso, pode-se usar a máquina e ter que cos 30° = 0,866, que no caso é a medida AB igual a c. Como a hipotenusa do triângulo ABC é igual a 1, pode-se usar o teorema de Pitágoras e obter o valor do cateto c, ou seja, do cosseno do ângulo de 30°:

$a^2 = b^2 + c^2 \Rightarrow c^2 = a^2 - b^2 \Rightarrow c = \sqrt{a^2 - b^2} \Rightarrow c = \sqrt{1^2 - (0,5)^2} \Rightarrow c = \sqrt{1 - 0,25} = \sqrt{0,75} = 0,866.$

A partir dos valores sen 30º = 0,5 e cos 30º = 0,866, as outras quatro linhas podem ser calculadas, ou seja:

$$\text{tg } 30^\circ = \frac{\text{sen } 30^\circ}{\cos 30^\circ} = \frac{0,5}{0,866} = 0,577.$$

$$\text{cotg } 30^\circ = \frac{1}{\text{tg } 30^\circ} = \frac{\cos 30^\circ}{\text{sen } 30^\circ} = \frac{0,866}{0,5} = 1,732.$$

$$\text{cossec } 30^\circ = \frac{1}{\text{sen } 30^\circ} = \frac{1}{0,5} = 2.$$

$$\sec 30^\circ = \frac{1}{\cos 30^\circ} = \frac{1}{0,866} = 1,155$$

Relações trigonométricas fundamentais

$\text{sen}^2\,\alpha + \cos^2\alpha = 1.$

$\text{tg }\alpha = \dfrac{\text{sen }\alpha}{\cos\alpha}.$

$\text{cotg }\alpha = \dfrac{\cos\alpha}{\text{sen }\alpha}.$

$\sec\alpha = \dfrac{1}{\cos\alpha}.$

$\text{cossec }\alpha = \dfrac{1}{\text{sem }\alpha}.$

Como descubro o valor de um ângulo, quando conheço o valor, por exemplo, da sua tangente?

Nas máquinas de calcular existem as funções inversas (arcsen, arctg, etc.), em geral com teclas em outra cor ou com o coeficiente -1 (sen^{-1}, tg^{-1}, etc.), que fornecem o valor do ângulo. Por exemplo, ao pesquisar para o triângulo pitagórico 3 cm, 4 cm e 5 cm, quais os valores dos ângulos α e ß, descobre-se que: α = 36,87º e ß = 53,13º. (É comum pessoas acharem que estes ângulos são iguais aos do esquadro 30º e 60º. Não são).
De fato, a soma dos três ângulos: 36,87º + 53,13º + 90º = 180º, confirma a Lei angular de Tales que afirma que a soma dos ângulos internos de um triângulo é igual a 180º.

2.3 Leis dos senos e dos cossenos, para triângulos acutângulos e obtusângulos

A trigonometria no triângulo retângulo relaciona os ângulos do triângulo com as medidas dos lados por meio de: seno, cosseno e tangente. Para triângulos acutângulos e obtusângulos são utilizadas as leis do seno ou do cosseno, que permitem o cálculo de lados e ângulos. A seguir são citadas diretamente as duas leis e na sequência é feita a demonstração de cada uma, que envolve conceitos já estudados de seno e cosseno, bem como o teorema de Pitágoras e o produto notável de uma subtração ao quadrado.

Considerando um triângulo qualquer, não retângulo, são válidas as relações:

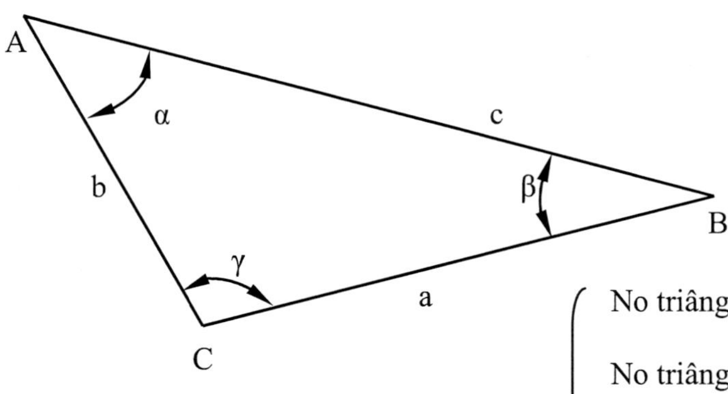

Lei dos senos: $\dfrac{\mathbf{a}}{\textbf{sen }\boldsymbol{\alpha}} = \dfrac{\mathbf{b}}{\textbf{sen }\boldsymbol{\beta}} = \dfrac{\mathbf{c}}{\textbf{sen }\boldsymbol{\gamma}}.$

Lei dos cossenos $\begin{cases} \mathbf{a^2 = b^2 + c^2 - 2.b.c.\cos\alpha.} \\ \mathbf{b^2 = a^2 + c^2 - 2.a.c.\cos\beta.} \\ \mathbf{c^2 = a^2 + b^2 - 2.a.b.\cos\gamma.} \end{cases}$

2.3.1 Demonstração da lei dos senos

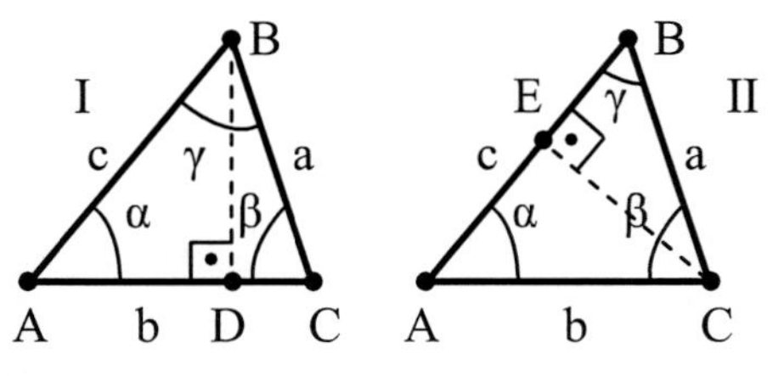

BD = altura de AC e CE = altura de AB.

No triângulo ABD: $\text{sen }\alpha = \dfrac{BD}{c} \Rightarrow BD = (\text{sen }\alpha)(c).$

No triângulo BCD: $\text{sen }\beta = \dfrac{BD}{a} \Rightarrow BD = (\text{sen }\beta)(a).$

Então: $(\text{sen }\alpha)(c) = (\text{sen }\beta)(a) \Rightarrow \dfrac{a}{\text{sen }\alpha} = \dfrac{c}{\text{sen }\beta}.$

No triângulo BCE: $\text{sen }\gamma = \dfrac{CE}{a} \Rightarrow CE = (\text{sen }\gamma)(a).$

No triângulo AEC: $\text{sen }\alpha = \dfrac{CE}{B} \Rightarrow CE = (\text{sen }\alpha)(b).$

Então: $\dfrac{a}{\text{sen }\alpha} = \dfrac{b}{\text{sen }\gamma}$. Portanto: $\dfrac{\mathbf{a}}{\textbf{sen }\boldsymbol{\alpha}} = \dfrac{\mathbf{b}}{\textbf{sen }\boldsymbol{\beta}} = \dfrac{\mathbf{c}}{\textbf{sen }\boldsymbol{\gamma}}.$

2.3.2 Demonstração da lei dos cossenos

Considerando o triângulo acutângulo a seguir:

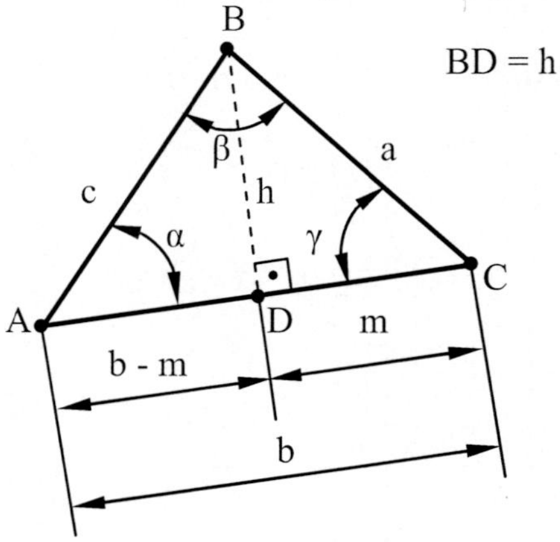

No triângulo ABD: $c^2 = (b - m)^2 + h^2$. (I).

No triângulo BCD: $a^2 = m^2 + h^2$. (II).

De (II): $h^2 = a^2 - m^2$, que substituindo em (I), fica:

$c^2 = (b - m)^2 + a^2 - m^2$. Como $(b - m)^2 = b^2 - 2bm + m^2$ =>

$c^2 = b^2 - 2bm + \cancel{m^2} + a^2 - \cancel{m^2}$ => $c^2 = b^2 - 2bm + a^2$. (III).

No triângulo BCD: $\cos\gamma = \frac{m}{a}$ => $m = (a)(\cos\gamma)$.

Substituindo m em (III): $c^2 = b^2 - 2b(a\cos\gamma) + a^2$.

Arranjando os termos: $\mathbf{c^2 = a^2 + b^2 - 2ab\cos\gamma}$.

Considerando análises com alturas em relação aos lados a e b, chega-se à mesma conclusão, ou seja:

Lei dos cossenos
$$\begin{cases} \mathbf{a^2 = b^2 + c^2 - 2.b.c.\cos\alpha.} \\ \mathbf{b^2 = a^2 + c^2 - 2.a.c.\cos\beta.} \\ \mathbf{c^2 = a^2 + b^2 - 2.a.b.\cos\gamma.} \end{cases}$$

2.4 Exercícios resolvidos sobre triângulos

Uma vez com as definições da trigonometria nos triângulos, a seguir serão resolvidos vários exercícios envolvendo, tanto o desenho geométrico, quanto os cálculos analíticos. Diversos exercícios a seguir são complementos de outros resolvidos nos volumes 1, 2 e 3, desta coleção de "Desenho Geométrico e Geometria".

2.4.1) Considerando o triângulo ABC, com AC = 30 cm, AB = 40 cm e BC = 50 cm, faça o seu desenho geométrico (usando o par de esquadros e o compasso), determinando as distâncias horizontal ou x e vertical ou y, do seu incentro ao vértice A, bem como o raio da circunferência interna ou inscrita, tangente aos lados.

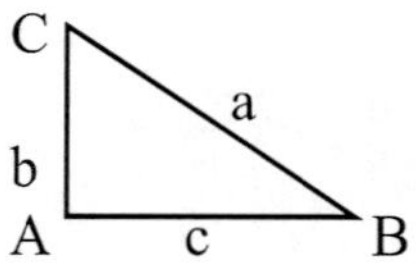

Raciocínio lógico geométrico:

Pelos valores dos lados, constata-se que se trata de um triângulo retângulo, pois: $a^2 = b^2 + c^2$. O incentro é o ponto onde as bissetrizes se interceptam, sendo o centro da circunferência inscrita e tangente aos lados. A determinação da posição do incentro, bem como do raio da circunferência, serão feitas com análises de diversos triângulos, usando as relações trigonométricas.

1º Passo: desenhar o triângulo na escala 1:10, ou seja, usando a régua 100 ou 1:100 do escalímetro.

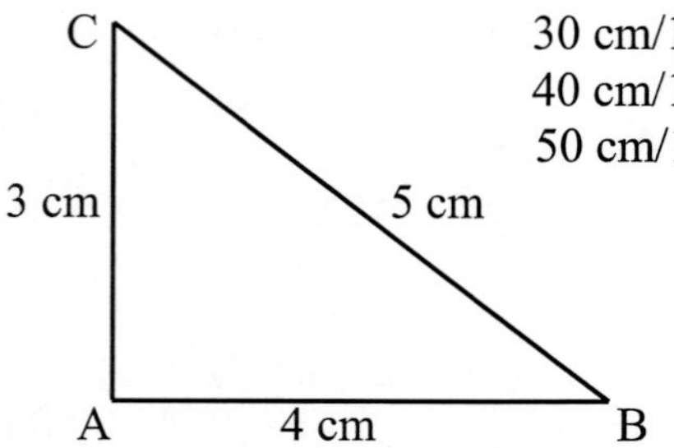

30 cm/10 = 3 cm.
40 cm/10 = 4 cm.
50 cm/10 = 5 cm.

2º Passo: traçar as bissetrizes de cada um dos ângulos, determinando o Incentro I.

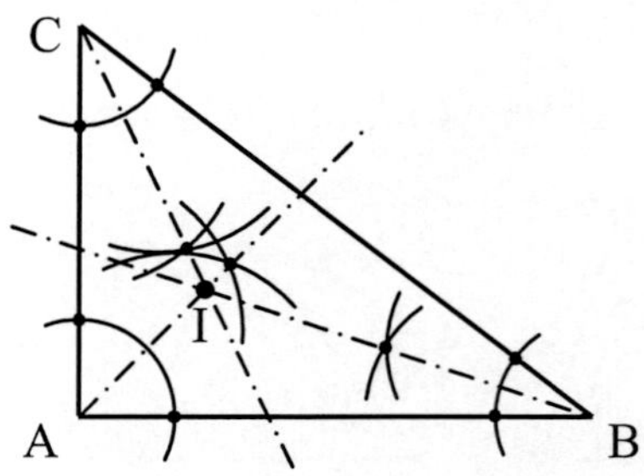

3º Passo: traçar a reta perpendicular a cada lado, IT3,
Passando pelo ponto I, determinando os pontos de tangência: T1, T2 e T3.

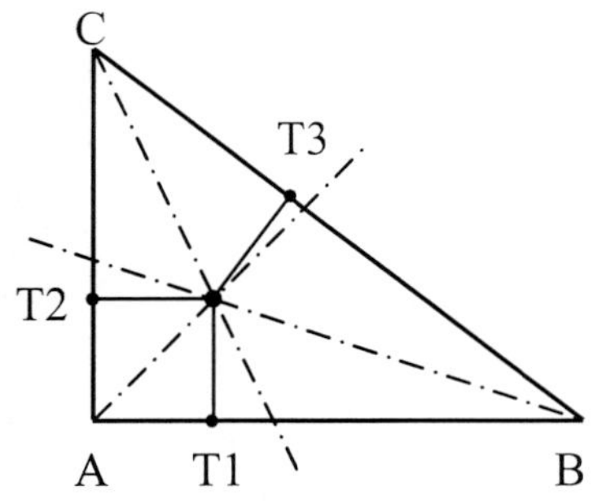

4º Passo: com centro em I e raio IT1 = IT2 = traço a circunferência tangente aos lados.

Raio da circunferência = 0,95 cm*
(Pelo traçado geométrico)

D, E e F são os pontos onde as bissetrizes interceptam os lados.

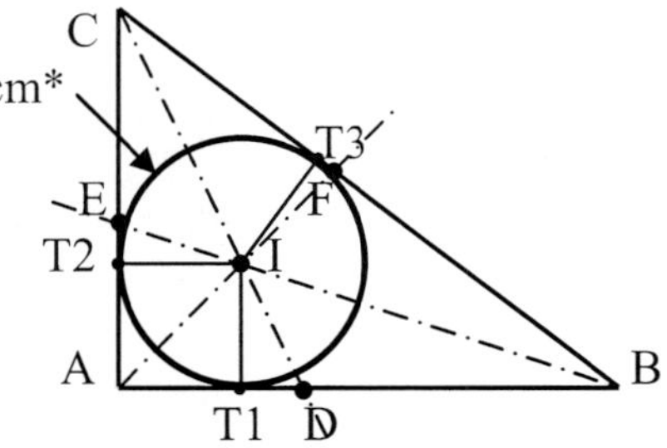

*AT1 = x = 0,95 cm e *AT2 = y = 0,95 cm.

*Como o desenho está na escala 1:10, ou seja, 10 vezes menor, a medida real do raio da circunferência inscrita é de 9,5 cm (0,95 cm x 10 = 9,5 cm). O valor de 0,95 cm ou 9,5 mm foi encontrado usando o escalímetro na régua 1:100. O cálculo analítico, exato, a seguir mostrará a diferença para mais ou para menos. Todos os valores de seno, cosseno e tangente, foram obtidos de uma pequena máquina de calcular.

Cálculos analíticos, exatos, com análises trigonométricas, em vários triângulos:

1º: Triângulo ACD:

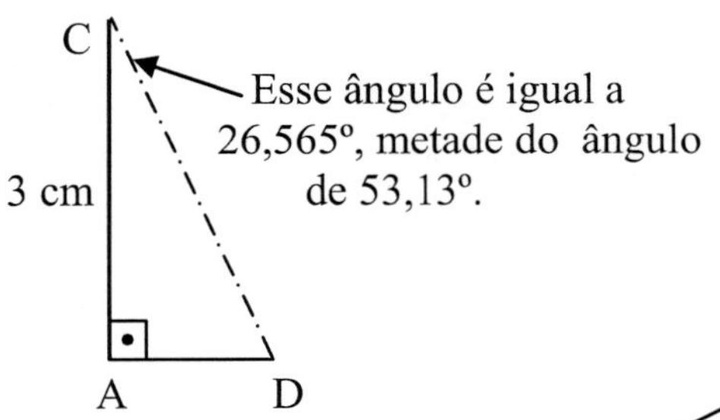

cos 26,565º = AC/CD => CD = AC/ cos 26,565º.

Como: cos 26,565º = 0,89443 => $CD = \frac{3\text{ cm}}{0,89443} = 3,354$ cm.

tg 26,565º = AD/3 cm => AD = (3 cm)(tg 26,565º).

Como tg 26,565º = 0,5 => AD = 1,5 cm.

Pela lei dos senos: $\frac{a}{\text{sen } 45^\circ} = \frac{i}{\text{sen } 71,565^\circ}$.

i = 1,5 cm; sen 45º = 0,707 e sen 71,565º = 0,94868, logo:

2º: Análise dos triângulos ADI, DIT1e DIT1:

$a = \frac{(0,707)(1,5\text{ cm})}{0,94868}$ => a = 1,118 cm.

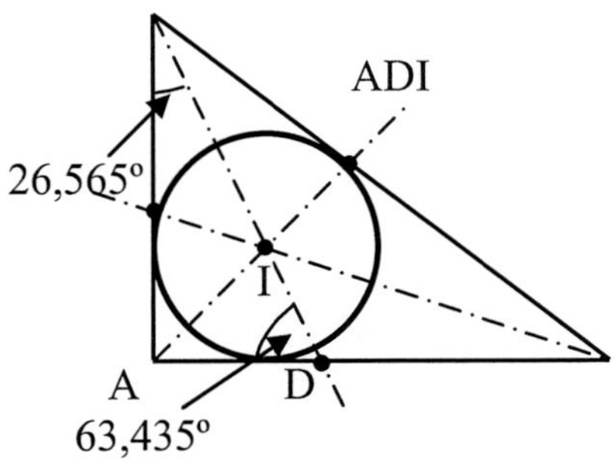

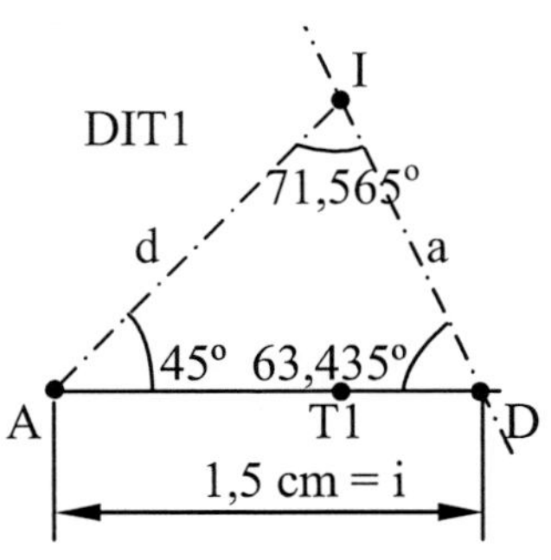

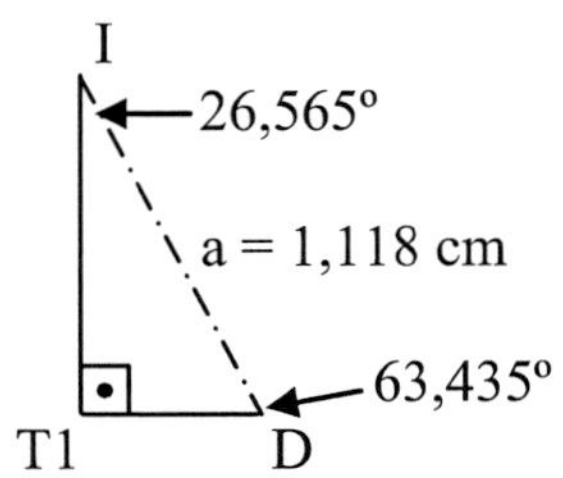

cos 26,565º = IT1/1,118 cm.
(cos 26,565º = 0,89443).

IT1 = (cos 26,565º)(1,118 cm) => IT1 = (0,89443)(1,118 cm) = 1 cm.

Ou seja, o raio da circunferência inscrita é igual a 1 cm na escala de 1:10. Isso significa que, o valor real exato do raio é igual a 10 cm (1 cm x 10 = 10 cm).

Conclusão: Considerando o triângulo ABC, com AC = 30 cm, AB = 40 cm e BC = 50 cm, as distâncias horizontal ou x e vertical ou y são iguais a 10 cm, do seu incentro ao vértice A, bem como o raio da circunferência interna ou inscrita, tangente aos lados também é igual a 10 cm.

Observa-se que houve uma diferença de apenas 0,5 cm, na escala de 1:10, entre o cálculo analógico, usando o escalímetro para medir, e o cálculo exato, pela trigonometria.

2.4.2) Usando o par de esquadros e o compasso, desenhar um triângulo ABC, sabendo que seus lados medem: AB 5 cm; AC 7 cm e BC 3 cm. Determinar, gráfica e analiticamente, a localização do ortocentro do triângulo. (Este exercício foi resolvido graficamente no parágrafo 3.3, do volume 2 desta coleção de quatro livros de "Desenho Geométrico e Geometria").

Resolução gráfica:

Inicialmente desenha-se o triângulo, usando as medidas reais ou escala 1:1.

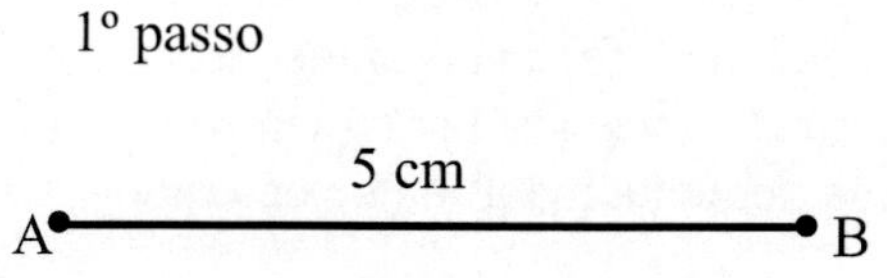

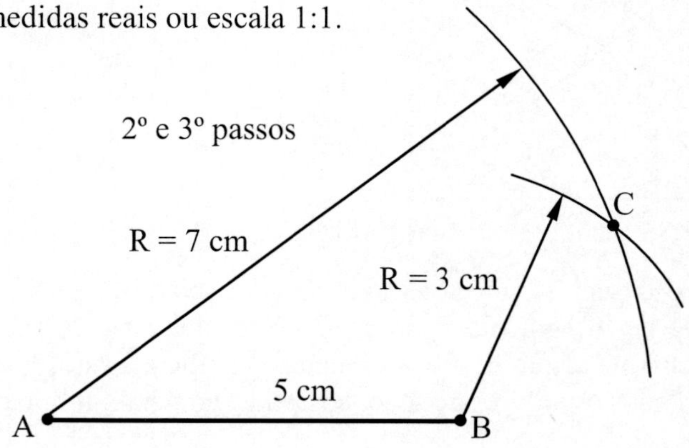

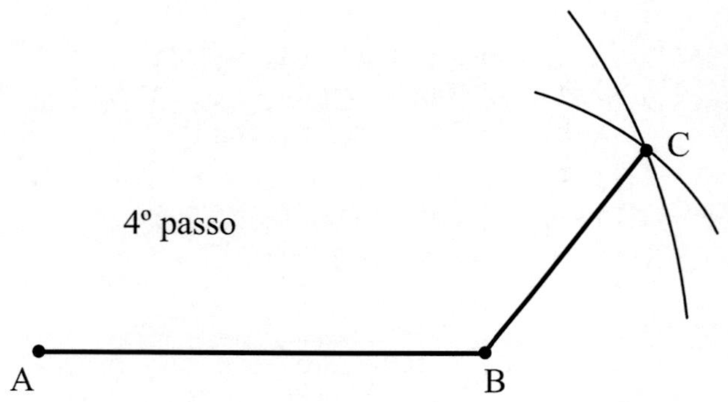

Observa-se que é um triângulo escaleno e obtusângulo, portanto, o ortocentro estará na parte de fora do triângulo.

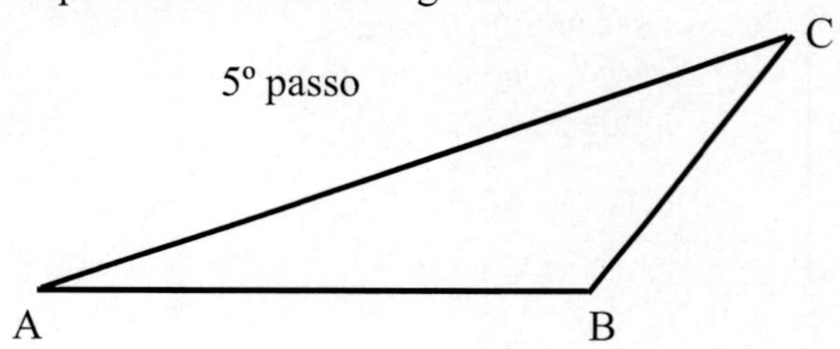

Determinação do ortocentro, com o traçado e prolongamento da altura, referente a cada lado.

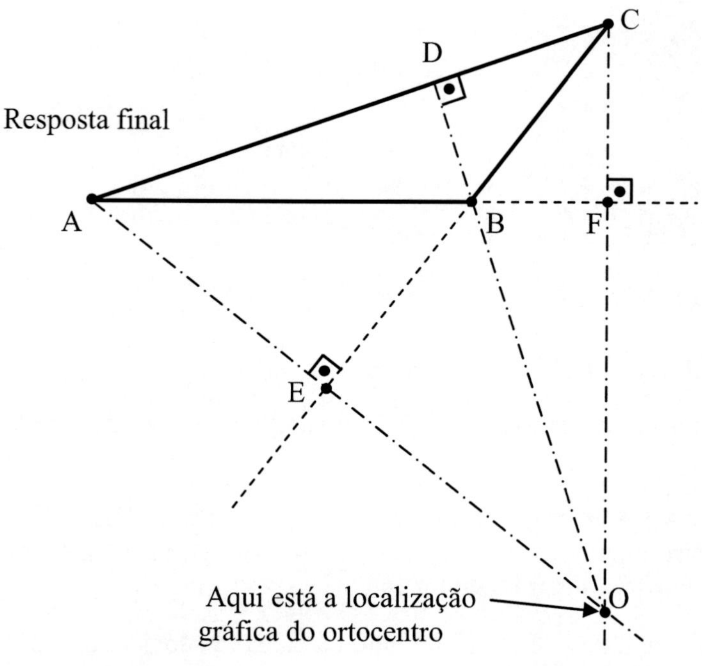

CF = altura em relação ao lado AB.
DB = altura em relação ao lado AC.
AE = altura em relação ao lado BC.

O cálculo exato das dimensões das alturas CF, DB e AE, bem com das distâncias do ortocentro aos vértices A, B e C, será feito a seguir, baseado na trigonometria nos triângulos.
Esse cálculo exato também é possível com o uso de *softwares*, como o GeoGebra e o CABRI.
Medindo com o escalímetro, pela resolução gráfica em papel A4, com o par de esquadros e o compasso, o ortocentro O está a 6,9 cm do vértice C.

Resolução analítica exata:

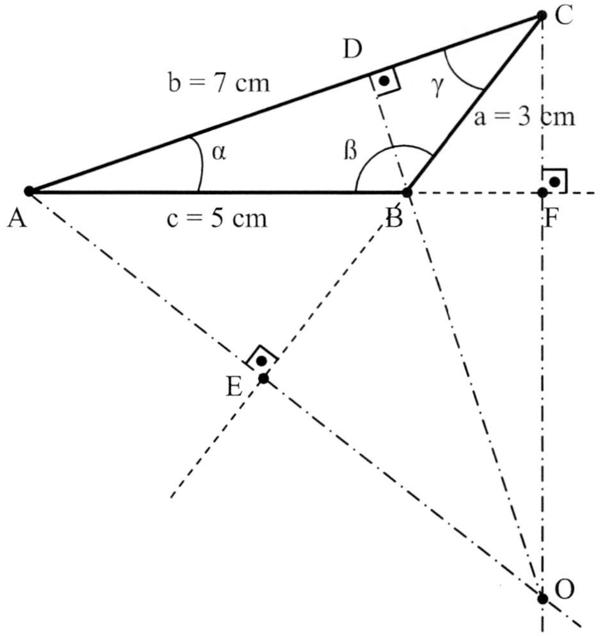

Raciocínio lógico geométrico:

O primeiro passo é determinar os três ângulos do triângulo, usando a lei dos cossenos, uma vez que só se tem os valores dos lados e nenhum ângulo.

Na sequência, são feitas análises trigonométricas de vários triângulos.

Esses cálculos envolvem o conceito algébrico de equações, sabendo-se que quando um termo muda de membro, também muda o seu sinal. Aqui observa-se que, os termos +49 e +25, quando vão para o outro membro da equação, mudam de sinal, passando para -49 e -25.

Determinação dos ângulos α, ß e γ:

$a^2 = b^2 + c^2 - 2.b.c.\cos \alpha \Rightarrow (3)^2 = (7)^2 + (5)^2 - 2(7)(5)(\cos \alpha) \Rightarrow +9 = +49 + 25 - 70 \cos \alpha \Rightarrow$

$+9 - 49 - 25 = -70 \cos \alpha \Rightarrow -65 = -70 \cos \alpha \Rightarrow \cos \alpha = -65/-70 = +0{,}92857$.

Como $\cos \alpha = +0{,}92857$, consulta-se uma tabela, ou melhor máquina, para saber qual ângulo, em graus, tem um cosseno igual a +0,92857, ou seja: arccos (+0,92857). É importante colocar o sinal positivo, pois dependendo do quadrante, as funções trigonométricas mudam de sinal.

$\cos \alpha = +0{,}92857 \Rightarrow \arccos (+0{,}92857) \Rightarrow \alpha = 21{,}787^o$.

$b^2 = a^2 + c^2 - 2.a.c.\cos ß \Rightarrow (7)^2 = (3)^2 + (5)^2 - 2(3)(5)(\cos ß) \Rightarrow +49 = +9 + 25 - 30 \cos ß \Rightarrow$

$+49 - 9 - 25 = -30 \cos ß \Rightarrow +15 = -30 \cos ß \Rightarrow \cos ß = +15/-30 \Rightarrow \cos ß = -0{,}5$.

$\cos ß = -0{,}5 \Rightarrow \arccos (-0{,}5) \Rightarrow {}^*ß = 120^o$.

*Um ângulo de 120º, está no 2º quadrante, com cossenos negativos.

Pela lei angular de Tales: $\alpha + ß + \gamma = 180^o$. Ou seja: $\gamma = 180^o - (\alpha + ß) \Rightarrow \gamma = 180^o - 141{,}787^o \Rightarrow \gamma = 38{,}213^o$.

Análise do triângulo ACF:

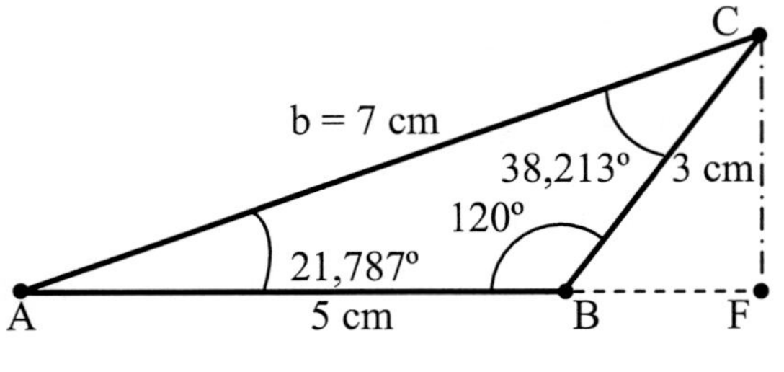

$\cos 21{,}787^o = AF/7\text{ cm} \Rightarrow AF = (7\text{ cm})(\cos 21{,}787^o)$:

$AF = (7\text{ cm})(0{,}92857) \Rightarrow AF = 6{,}5\text{ cm}$.

$AC^2 = AF^2 + CF^2 \Rightarrow CF^2 = AC^2 - AF^2 \Rightarrow$

$CF = \sqrt{AC^2 - AF^2} \Rightarrow CF = \sqrt{49 - 42{,}25} \Rightarrow CF = 2{,}598\text{ cm}$.

Análise do grande triângulo AFO:

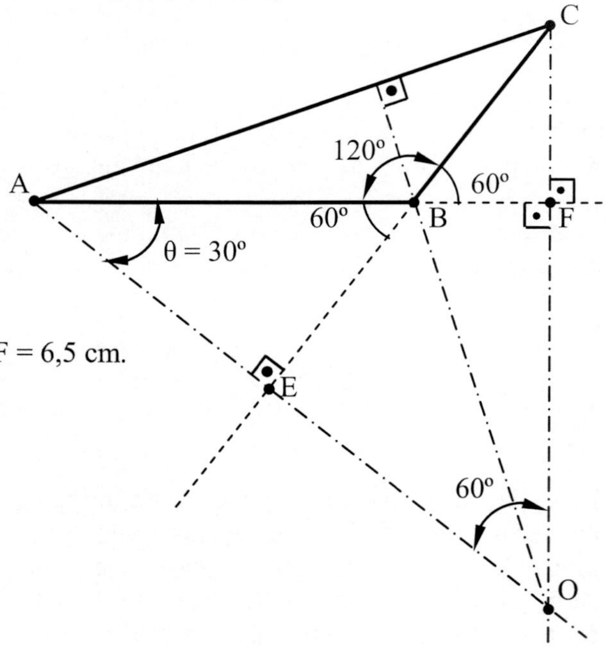

AF = 6,5 cm.

tg θ = FO/AF => FO = (AF)(tg θ), com θ = 30º.

Como: AF = 6,5 cm e tg 30º = 0,577, então:

FO = (6,5 cm)(0,577) = 3,751 cm.

CO = CF + FO => CO = 2,598 cm + 3,751 cm:

CO = 6,349 cm.

A medição gráfica com o escalímetro, mostrou que o ortocentro está a 6,9 cm do vértice C. Ou seja, o cálculo exato pela trigonometria mostra um valor cerca de 0,5 cm menor. Qual a explicação para um erro dessa magnitude?
Certamente as sucessivas operações com o par de esquadro, desde o traçado do triângulo até as três alturas, foram "acumulando" pequenos erros que, ao final resultaram num erro maior. Esse exercício resolvido pelo Geogebra chegou ao mesmo valor da análise trigonométrica, ou seja: CO = 6,349 cm.

2.5 Exercícios resolvidos sobre polígonos

2.5.1) Utilizando o par de esquadros e o compasso, desenhar um pentágono regular inscrito à circunferência de diâmetro 6 cm, determinando a medida do lado, do apótema e da área interna ao polígono.
(A parte gráfica deste exercício foi resolvida no parágrafo 5.8, do volume 2 desta coleção de quatro livros de "Desenho Geométrico e Geometria").

Raciocínio lógico geométrico: primeiro faz-se a parte gráfica, no caso na escala de 1:1, determinando-se com o escalímetro as medidas do lado do pentágono, bem como do seu apótema, que será a base para o cálculo da área interna do pentágono. Após a parte gráfica, são feitas as análises trigonométricas, para a determinação exata das medidas pedidas.

1º Passo: localizo o centro da circunferência e traço os eixos de simetria horizontal e vertical:

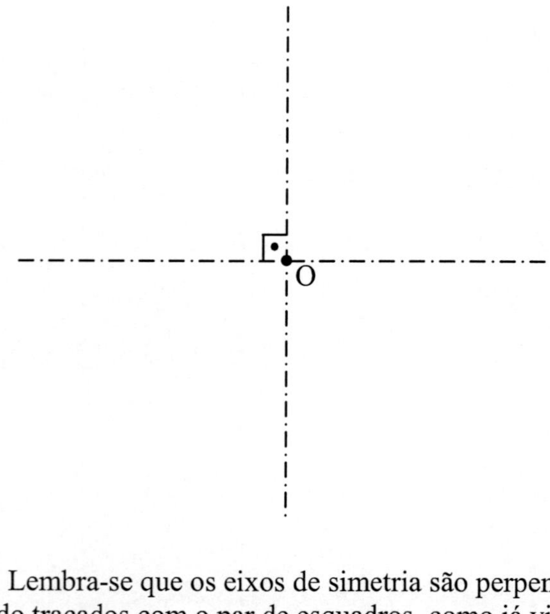

2º Passo: traço a circunferência, abrindo o compasso com 3 cm, pois o diâmetro é 6 cm:

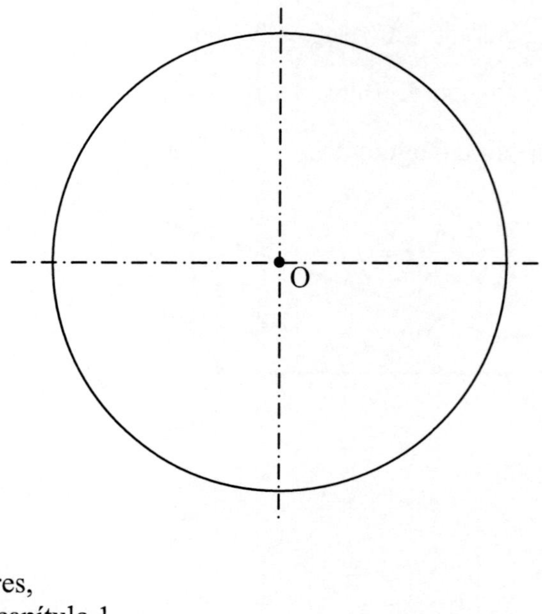

Lembra-se que os eixos de simetria são perpendiculares, sendo traçados com o par de esquadros, como já visto no capítulo 1.

3º Passo: traço a mediatriz do semieixo direito e horizontal, OA, da circunferência, determinando os pontos B, M e C.

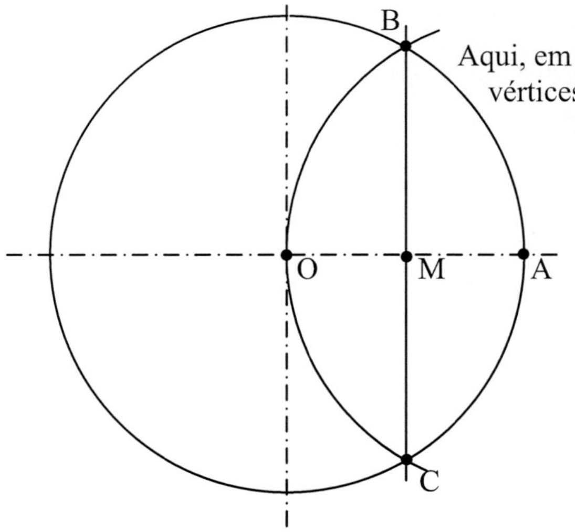

4º Passo: com centro em M e raio MD, traço um arco para baixo e para a direita, determinando o ponto E, no semieixo à esquerda. A distância DE é equivalente ao lado do pentágono.

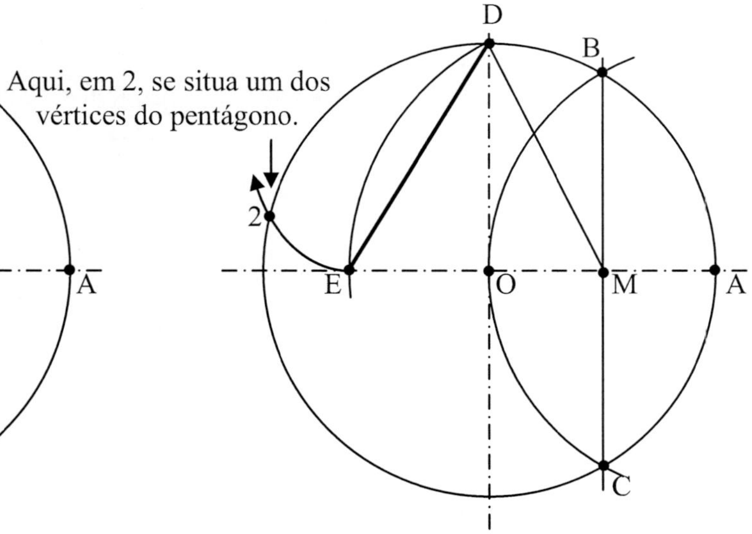

5º Passo: usando a medida DE, traço o pentágono, inscrito à circunferência de diâmetro 6 cm.

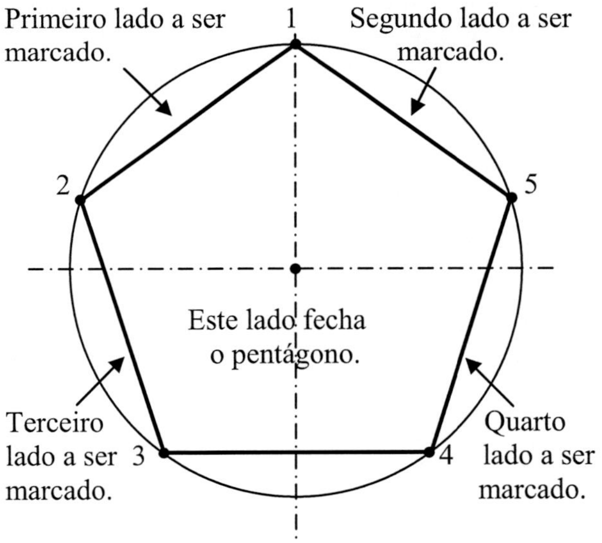

6º Passo: determina-se o apótema, traçando uma perpendicular a um lado e que passe pelo centro da circunferência.

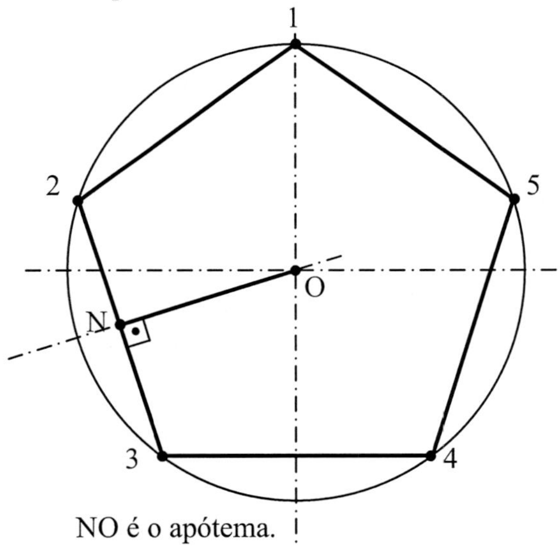

A área interna do pentágono pode ser interpretada como cinco vezes a área de um triângulo isósceles O23, de lado igual ao lado do pentágono e altura igual ao apótema.

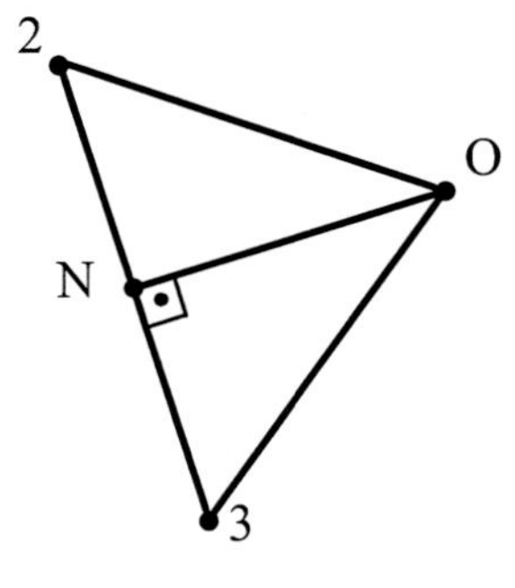

A área desse triângulo é $S = \frac{(NO)(23)}{2}$.

Usando o escalímetro encontramos: lado do pentágono igual a 3,5 cm e apótema igual a 2,3 cm. Portanto, a área é:

$S = \frac{(2{,}3\ cm)(3{,}5\ cm)}{2} = 4{,}025\ cm^2$.

A área interna de todo o pentágono é $5S = 20{,}125\ cm^2$.

Análises trigonométricas exatas:

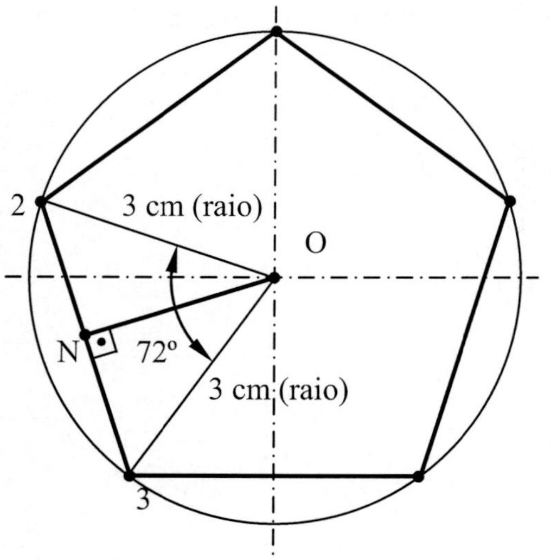

No triângulo isósceles O23, ON é a altura e N2 = N3 é a metade do lado 23, pois o apótema pertence à linha mediatriz do lado do pentágono. O ângulo central do pentágono regular inscrito é igual a: 360º/5 = 72º.

(cos 36º = 0,809).

Análise do triângulo retângulo NO3: (sen 36º = 0,588).

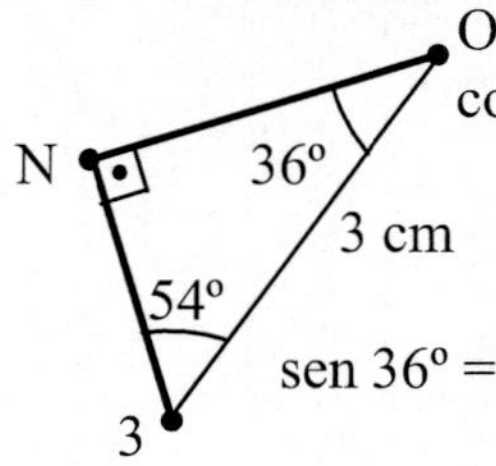

cos 36º = ON/3 cm => ON = (3 cm)(0,809):

ON = apótema = 2,427 cm.

sen 36º = N3/3 cm => N3 = (3 cm)(0,588):

N3 = 1,764 cm => (2)(N3) = lado do pentágono = 3,528 cm.

Área exata do pentágono $S = \frac{(5)(3{,}528\text{ cm})(2{,}427\text{ cm})}{2} = 21{,}406\text{ cm}^2$.

Comparação dos resultados:

	Análise gráfica	Análise exata
Lado	3,5 cm	3,528 cm
Apótema	2,3 cm	2,427 cm
Área	20,125 cm^2	21,406 cm^2

Observa-se que não houve um erro muito grande entre as duas análises.

2.5.2) Usando o par de esquadros e o compasso, desenhar um pentágono regular inscrito a uma circunferência de diâmetro 6 cm, determinando o comprimento das diagonais menores.

Esta construção geométrica foi resolvida no parágrafo 5.8, do volume 2 desta coleção de quatro livros de "Desenho Geométrico e Geometria".

1º Passo: localizo o centro da circunferência e traço os eixos de simetria horizontal e vertical:

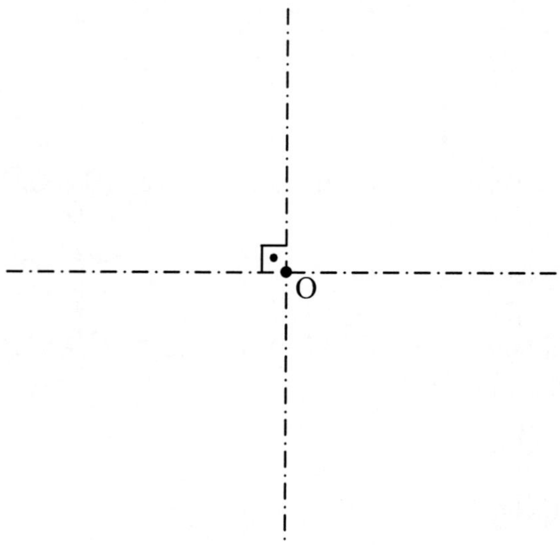

2º Passo: traço a circunferência, abrindo o compasso com 3 cm, pois o diâmetro é 6 cm:

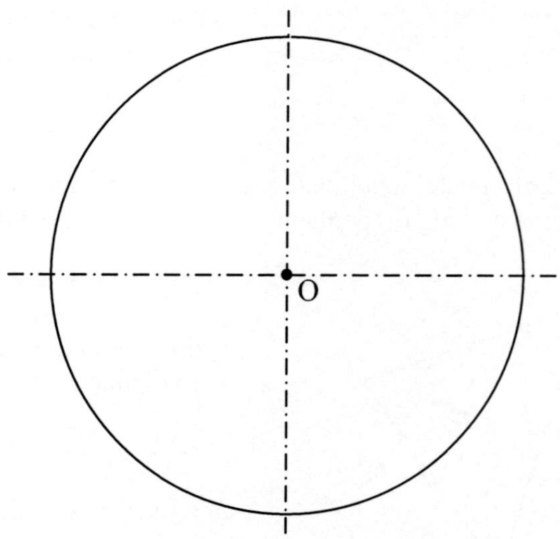

Lembra-se que os eixos de simetria são perpendiculares,sendo traçados com o par de esquadros, como já visto.

3º Passo: traço a mediatriz do semieixo direito e horizontal, OA, da circunferência, determinando os pontos B, M e C. BM = MC é o lado do heptágono.

4º Passo: com centro em D e raio BM, traço um arco para baixo e para a direita, determinando o ponto E, na linha da c ircunferência, definindo o lado DE do heptágono. Na sequência e de forma alternada, esquerda/direita marco todos os lados do heptágono.

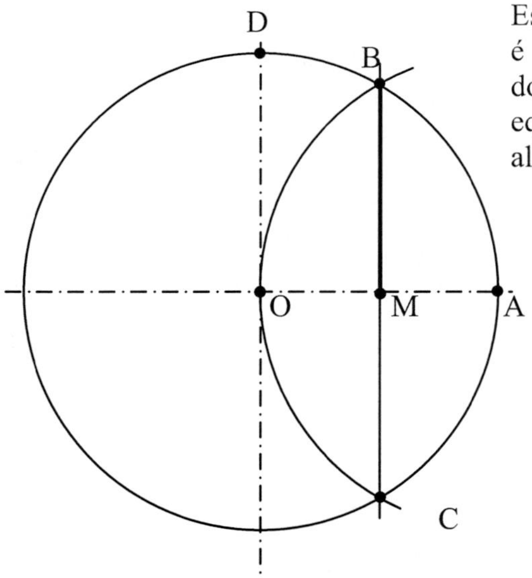

Esta marcação alternada é para que os dois lados do heptágono fique equilibrado, diminuindo algum erro de medida.

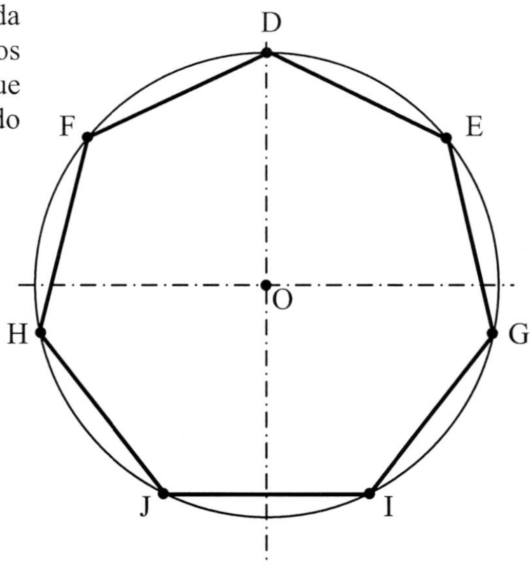

Análise das diagonais menores:

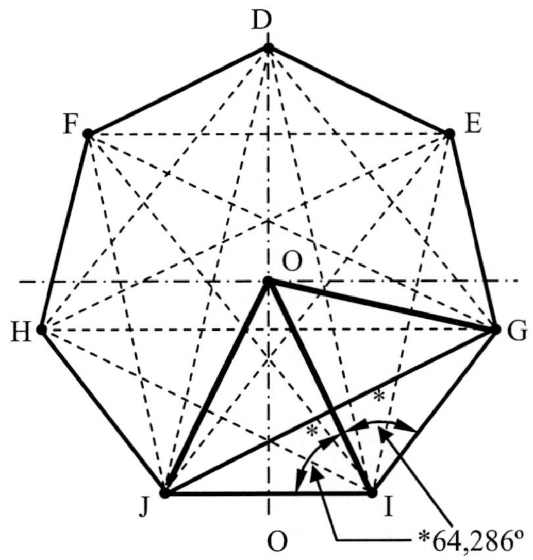

Raciocínio lógico geométrico

Observa-se que existem 14 diagonais, sendo que por cada vértice passam quatro. Como a diagonal não tem sentido, ou seja, a diagonal JG tem a mesma dimensão da GJ. Dessas 14 diagonais, sete são as de menor valor (JG, IH, JF, HD, DG e EI). As diagonais de menor valor são as que ligam três vértices consecutivos, ou melhor, as que ligam dois lados consecutivos, formando o triângulo isósceles JIG. Para análise deste triângulo primeiro temos que determinar o valor do lado do heptágono, bem como dos ângulos internos e depois, a partir do ângulo central determinar o ângulo obtuso do vértice I.

O ângulo central do hetágono é: 360º/7 = 51,428º. A análise do triângulo OJI, permite definir o ângulo do vértice I. A medida de cada diagonal menor será obtida usando-se a lei dos cossenos.

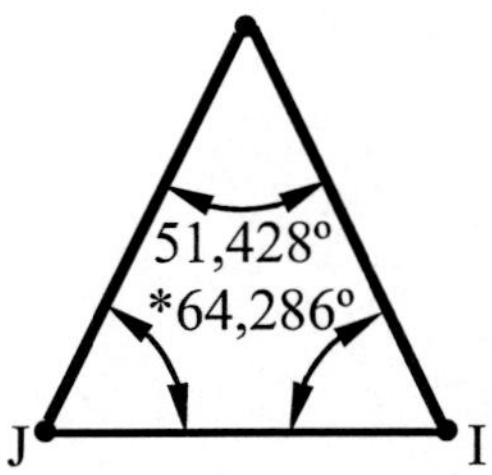

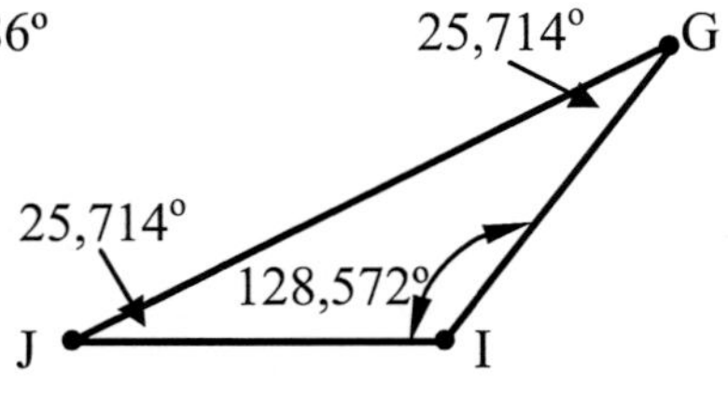

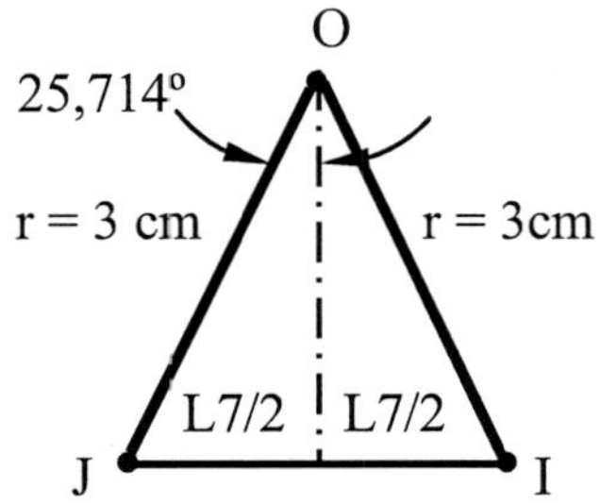

64,286º + 64,286º + 51,428º = 180º. 64,286º x 2 = 128,572º.

$\frac{180^\circ - 128,572^\circ}{2} = 25,714^\circ$.

sen 25,714º = (L7/2)/3 cm =>
L7 = (2)(3 cm)(sen 25,714º).
sen 25,714º = 0,43388.

L7 = (2)(3 cm)(0,43388) = 2,603 cm. Este é o valor do lado do heptágono.

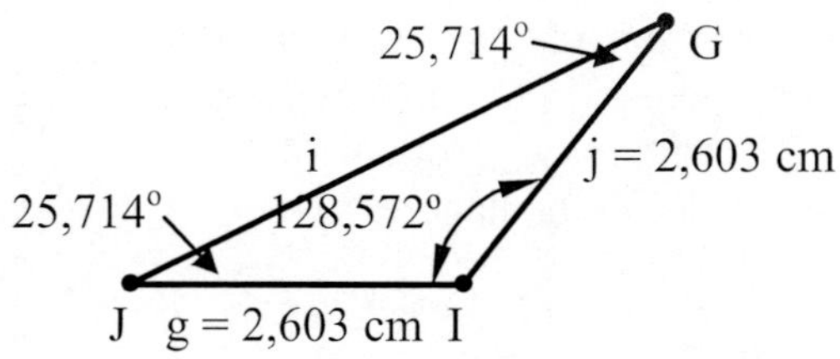

Pela lei dos cossenos: $i^2 = g^2 + j^2 - 2gj(\cos 128{,}572^o)$, portanto:

$i^2 = (2{,}603)^2 + (2{,}603)^2 - 2(2{,}603)(2{,}603)(\cos 128{,}572^o)$.

Como: $\cos 128{,}572^o = -0{,}6235$, então:

$i^2 = (6{,}776) + (6{,}776) - 2(2{,}603)(2{,}603)(-0{,}6235) =>$

$i^2 = +22 \text{ cm}^2 => i = 4{,}69$ cm.

Conclusão: cada uma das diagonais menores do heptágono mede 4,69 cm.

2.5.3) A partir do pentágono regular inscrito à circunferência de diâmetro 6 cm, desenhado no exercício 2.5.1, calcular a área interna da estrela de cinco pontas formada pela ligação entre as diagonais.

Raciocínio lógico geométrico: a área A1, interna da estrela, é igual à diferença da área A2 interna total do pentágono, e as cinco áreas A3, formada pelos cinco triângulos isósceles, gerados a partir do ângulo central α. A área total do pentágono, já calculada é de 21,406 cm^2, o lado do pentágono, já calculado é de 3,528 cm, bem como o apótema é igual a 2,427 cm. Portanto, o cálculo se inicia pela área A4 dos cincos triângulos obtusângulos (por exemplo o AEF).

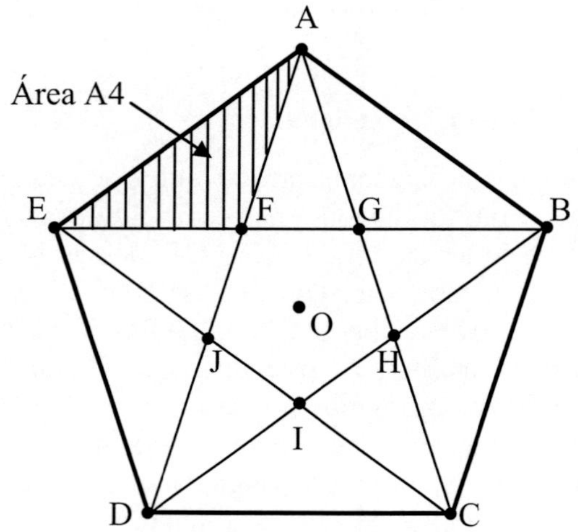

Estas são as diagonais, que formam a estrela.

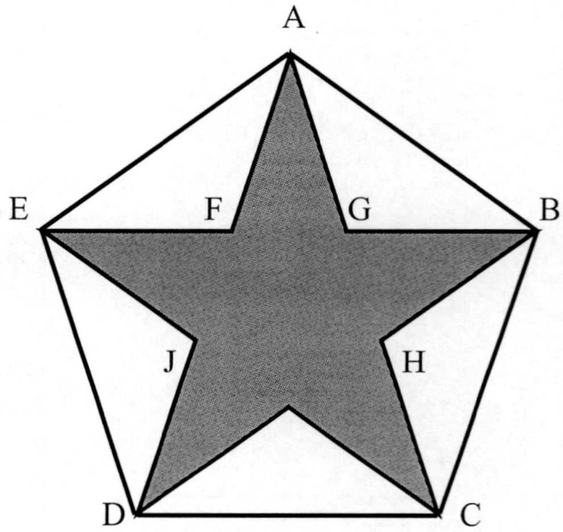

Esta área A1 escurecida é a que deve ser calculada.

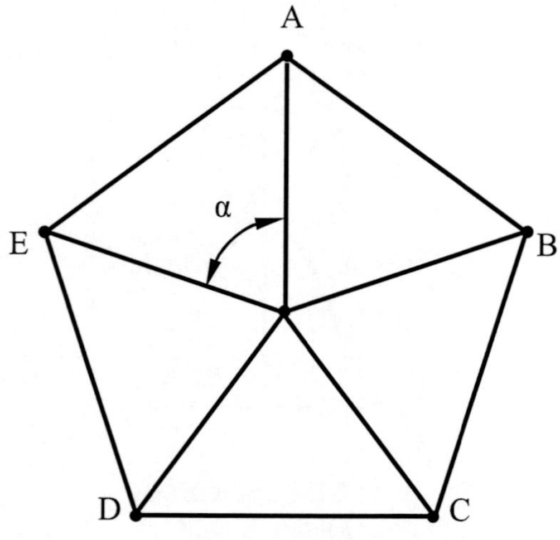

A área A2 interna do pentágono é igual à soma das cinco áreas A3 dos triângulos a partir do ângulo central.

Área A2, interna, total do pentágono.

Em resumo: a área interna da estrela é igual a: A2 - 5A4.

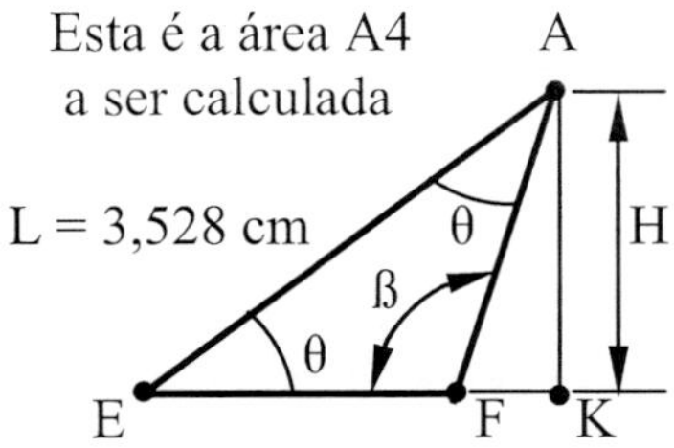

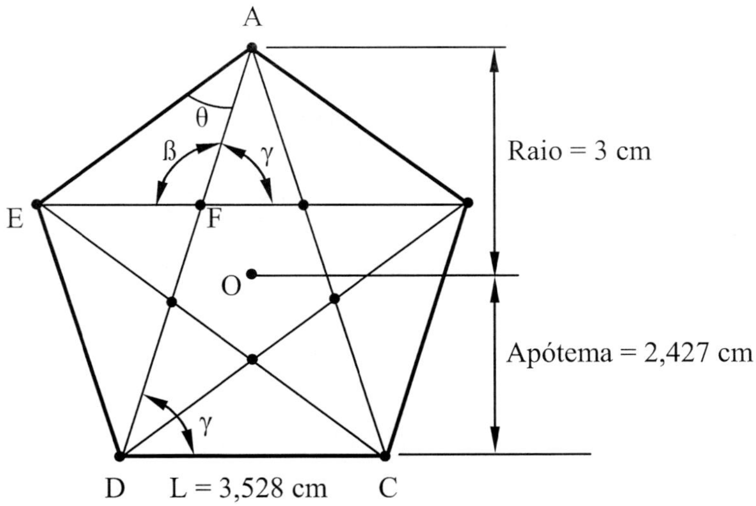

Uma vez o ângulo ß definido, consegue-se determinar os lados AE e AF, permitindo o cálculo da área do triângulo. O ângulo ß é calculado como mostrado à direita e abaixo.

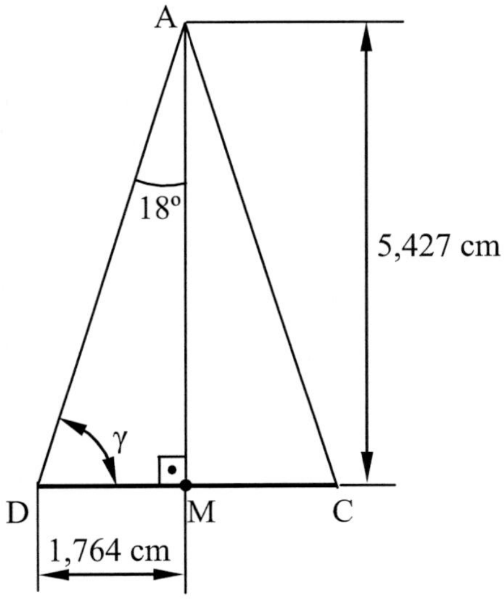

tg γ = 5,427 cm/1,764 cm = 3,077 => γ = 72º (ângulo central).

γ = 72º => ß = 180º - 72º = 108º.

ß = 108º => $\theta = \frac{180^o - 108^o}{2}$ = 36º. sen 36º = 0,58779.

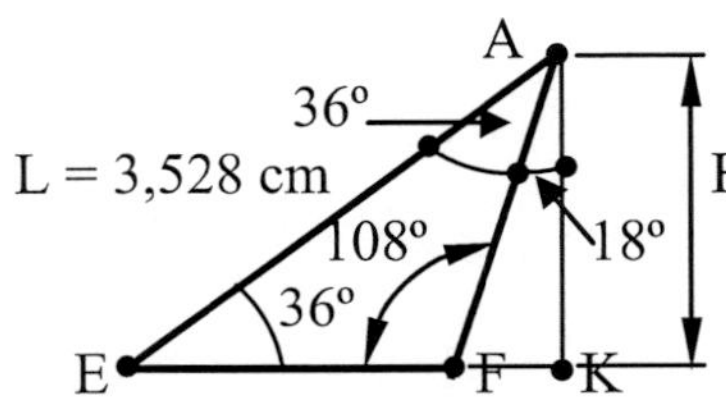

sen 36º = H/3,528 =>

H = 3,528(sen 36º) =>
H = (3,528)(0,58779) =>
H = 2,074 cm.

tg 18º = 0,32492.

No triângulo AFK: tg 18º = FK/H => FK = H(tg 18º) =>

FK = (2,074 cm)(0,32492) => FK = 0,674 cm.

No triângulo AEK: $AE^2 = AK^2 + EK^2 \Rightarrow EK^2 = AE^2 - AK^2 \Rightarrow EK = \sqrt{AE^2 - AK^2} \Rightarrow$

$EK = \sqrt{(3,528)^2 - (2,074)^2} = \sqrt{12,447 - 4,301} = \sqrt{8,146} \Rightarrow$ EK = 2,854 cm.

EK = 2,854 cm => EF = EK - FK = 2,854 cm - 0,674 cm => EF = 2,18 cm = AF.

A area do triângulo AEF = $\frac{EF \times H^*}{2} = \frac{2,18 \times 2,074}{2}$ = 2,261 cm². (*H é a altura em relação ao lado EF).

Os cinco triângulos isósceles têm área A3 = 5 x 2,261 cm² = 11,305 cm².

Área A1 interna da estrela = 21,406 cm² - 11,305 cm² = 10,101 cm².

2.6 Exercícios resolvidos sobre quadriláteros

2.6.1) No paralelogramo a seguir determinar o ângulo ß e o comprimento das diagonais AC e BD.

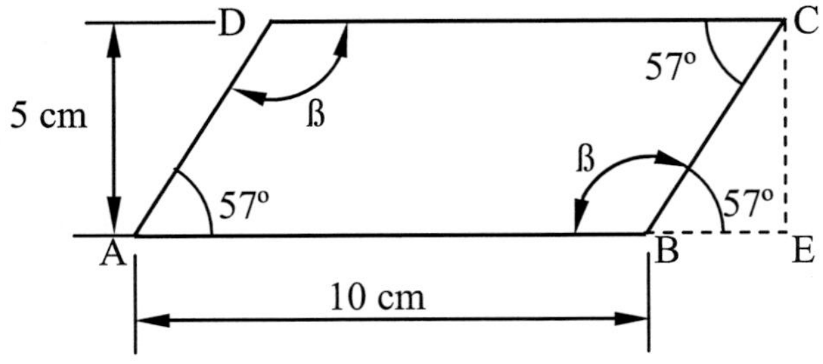

Como a soma dos ângulos internos de um quadrilátero é igual a 360º:

$ß = \frac{360^o - (57^o + 57^o)}{2} \Rightarrow ß = 123^o$. (tg 57º = 1,53986).

Triângulo BCE: tg 57º = CE/BE => BE = CE/tg 57º:

BE = (5 cm)/(1,53986) => BE = 3,247 cm.

AE = AB + BE = 13,247 cm.

Análise das diagonais:

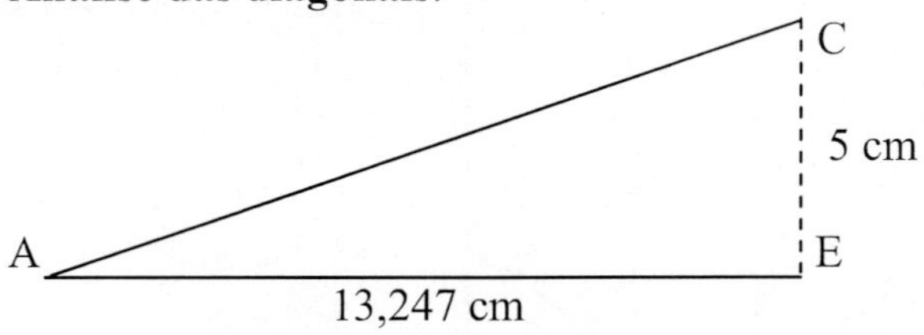

$AC = \sqrt{(13{,}247)^2 + (5)^2} = \sqrt{175{,}483 + 25} = 14{,}159.$

AC = 14,159 cm.

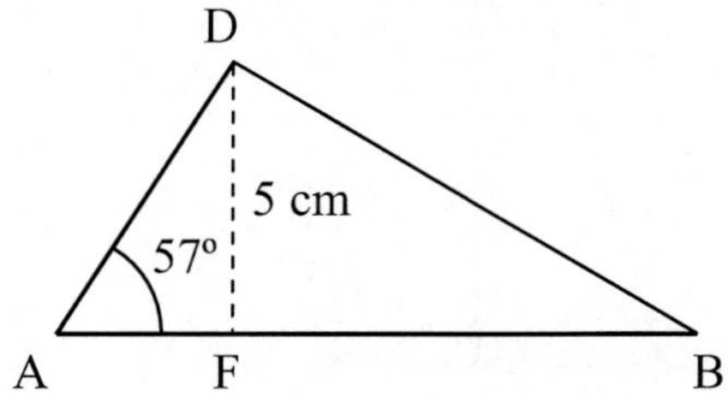

AF = BE = 3,247 cm. Como AB = 10 cm => FB = 6,753 cm.

$BD^2 = BF^2 + DF^2 \Rightarrow BD = \sqrt{(BF^2 + DF^2)} = \sqrt{(6{,}753^2) + (5^2)} \Rightarrow$

BD = 8,402 cm.

Conclusão: o ângulo ß vale 123º e as diagonais medem: AC = 14,159 cm e BD =8,402 cm.

2.6.2) Um fazendeiro decidiu dividir sua propriedade em três partes, sendo uma para cada filho, ficando o filho mais velho com a maior área. A figura a seguir mostra as dimensões do terreno e como o fazendeiro fez a divisão. Calcular a área de cada parte, ou seja, a área que cada filho receberá.

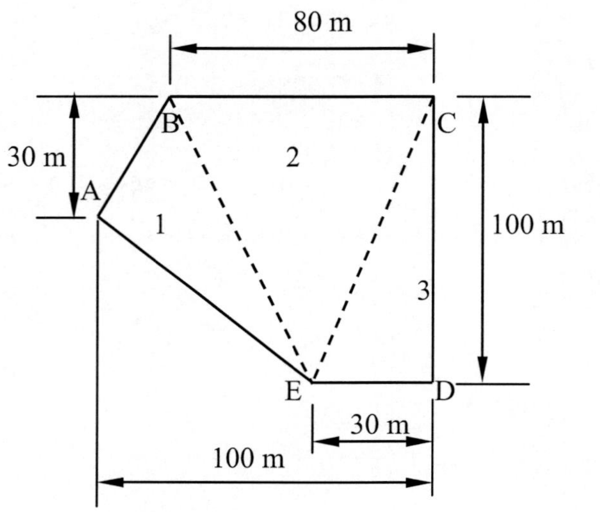

Raciocínio lógico geométrico:

Inicialmente, faz-se um novo desenho, fechando um grande quadrado FCDG, de lado 100 m e área de 10.000 m^2.

As áreas dos triângulos BCE e CDE valem respectivamente: (80 m x 100 m)/2 = 4.000 m^2 e (30 m x 100 m)/2 = 1.500 m^2.

As áreas dos triângulos ABF e AEG valem respectivamente: (20 m x 30 m)/2 = 300 m^2 e (70 m x 70 m)/2 = 2.450 m^2.

A área 1 do triângulo ABE é igual à área do grande quadrado FCDG menos as áreas dos triângulos 2, 3, 4 e 5, ou seja: área 1 ABE = 10.000 - (4.000 + 1.500 + 300 + 2.450) = 10.000 - 8.250 = 1.750 m^2.

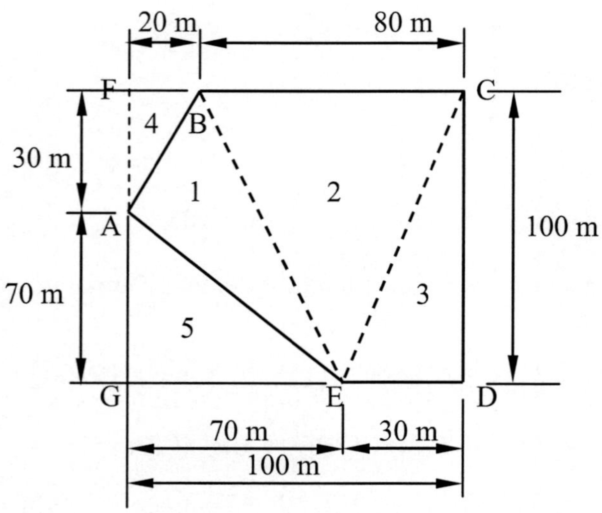

A divisão dos terrenos ficará da seguinte forma:

- Filho mais velho com a área 2 de 4.000 m^2.
- Filho do meio com área 1 de 1.750 m^2.
- Filho mais novo com a área 3 de 1.500 m^2.

2.7 Exercícios complementares resolvidos

2.7.1) Na figura a seguir, calcular o valor do comprimento L das retas tangentes e, considerando o centro O da circunferência como origem dos eixos cartesianos, determinar as coordenadas (abscissa x e ordenada y) dos pontos de tangência T1 e T2.

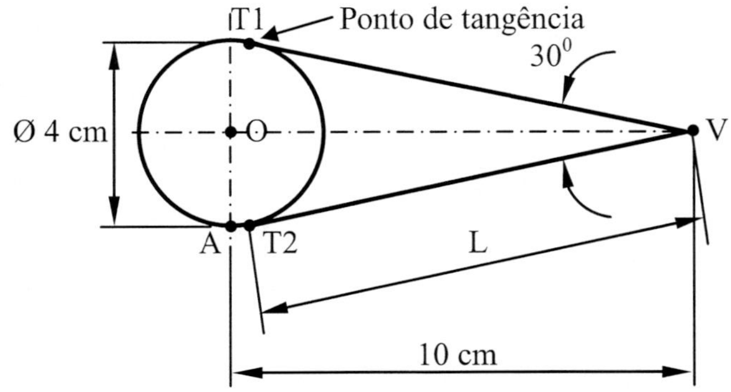

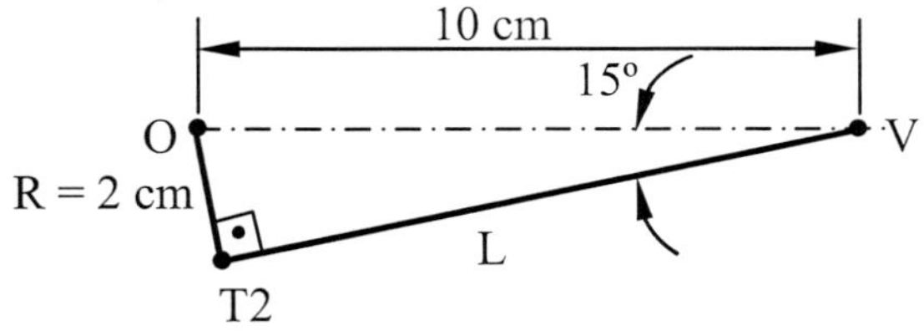

$(10)^2 = (2)^2 + L^2 \Rightarrow L^2 \Rightarrow 96 \Rightarrow L = 9{,}798$ cm.

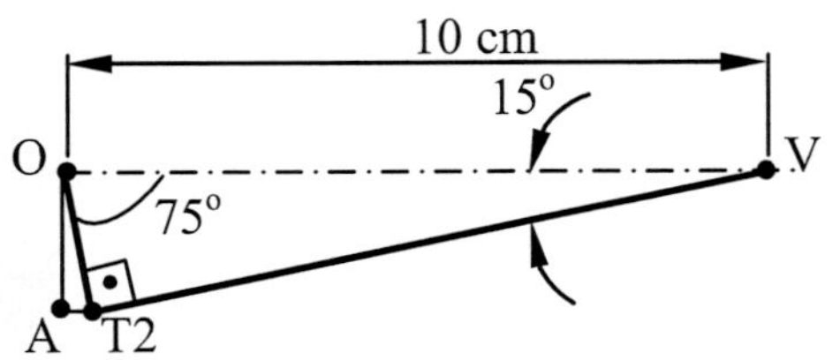

Análise do triângulo AOT2:

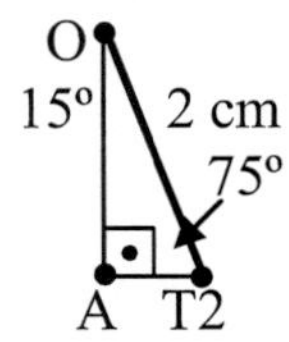

sen 15° = AT2/2 cm => AT2 = 2 x 0,25882 =>
AT2 = 0,5176 cm. ← Abscissa x
cos 15° = OA/2 cm => OA = 2 x 0,96593 =>
OA = 1,932 cm. ← Ordenada y
sen 15° = 0,25882. cos 15° = 0,96593.

Conclusão: o comprimento L = 9,798 cm e as coordenadas cartesianas são: (T1)(+0,5176 cm; +1,932 cm) e (T2)(+0,5176 cm; -1,932 cm). *A ordenada y de T2 é negativa, pois está no 4° quadrante.

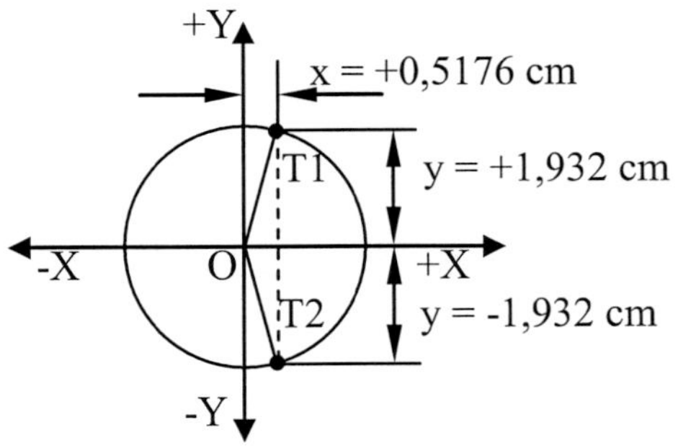

O conceito de coordenadas cartesianas ou pares ordenados num plano cartesiano, está descrito no capítulo 2, parágrafo 2.1, do primeiro volume da coleção de livros "Desenho Geométrico e Geometria".

2.7.2) Considerando a superfície poliédrica planificada, a seguir mostrada, calcular os comprimentos das arestas BE, BG e EG, bem como todos os ângulos mostrados.

Visão Espacial
(7 Planos)

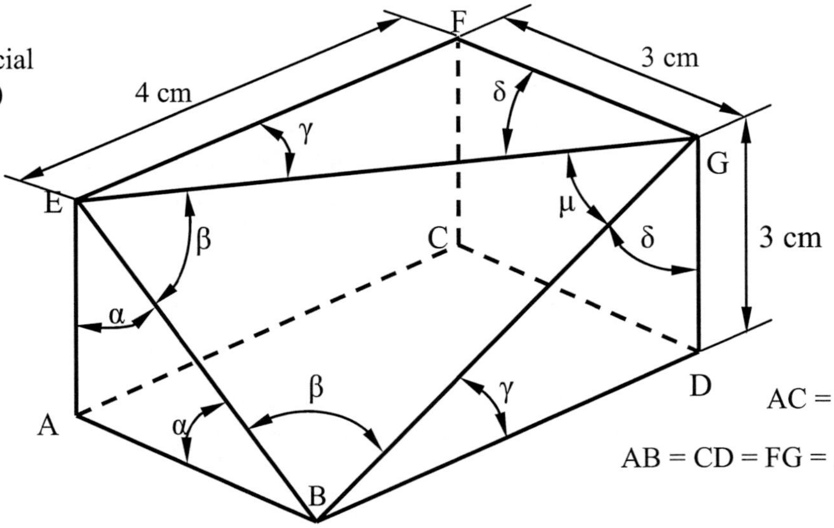

AC = BD = EF = 4 cm.

AB = CD = FG = AE = CF = DG = 3 cm.

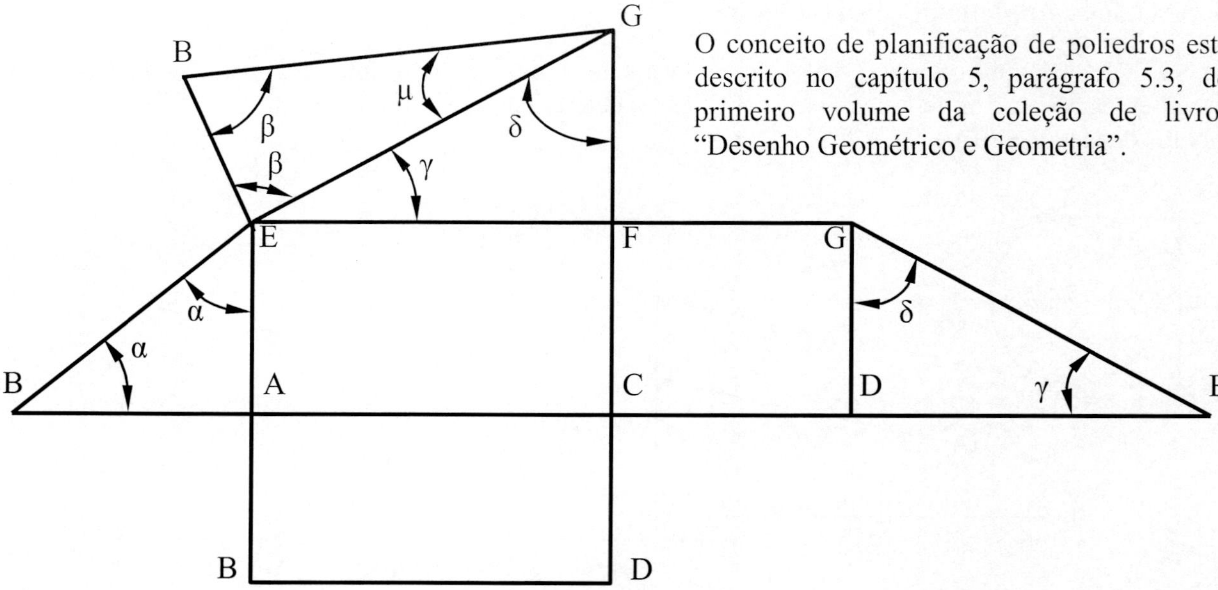

O conceito de planificação de poliedros está descrito no capítulo 5, parágrafo 5.3, do primeiro volume da coleção de livros "Desenho Geométrico e Geometria".

Análise do triângulo EFG:

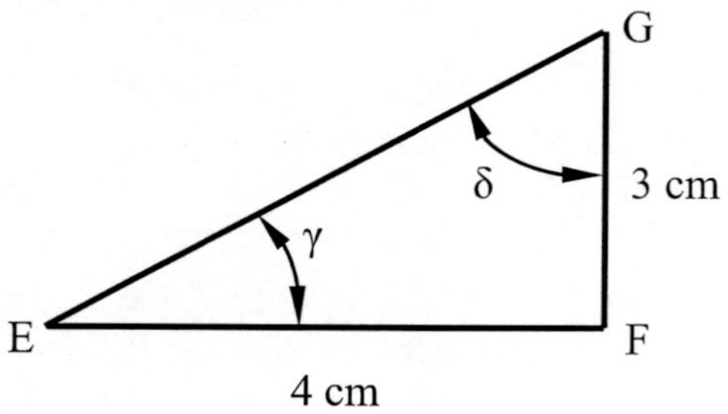

$EG^2 = 4^2 + 3^2 = 25 \Rightarrow EG = \sqrt{25} \Rightarrow \mathbf{EG = 5\ cm}$.

$tg\ \gamma = 3/4 = 0{,}75$. $arctg\ (0{,}75) \Rightarrow \boldsymbol{\gamma = 36{,}87^o}$.

$tg\ \delta = 4/3 = 1{,}333$. $arctg\ (1{,}333) \Rightarrow \boldsymbol{\delta = 53{,}13^o}$.

Análise do triângulo ABE:

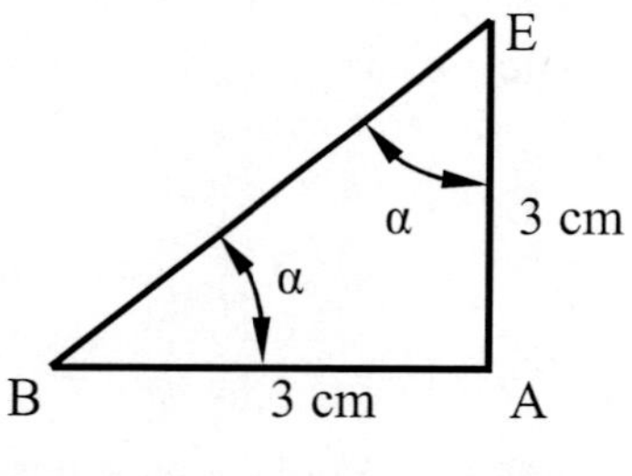

$BE^2 = 3^2 + 3^2 = 18 \Rightarrow BE = \sqrt{18} \Rightarrow BE = \mathbf{4{,}243\ cm}$.

$tg\ \alpha = 3/3 = 1$. $arctg\ (1) \Rightarrow \boldsymbol{\alpha = 45^o}$.

Análise do triângulo BDG:

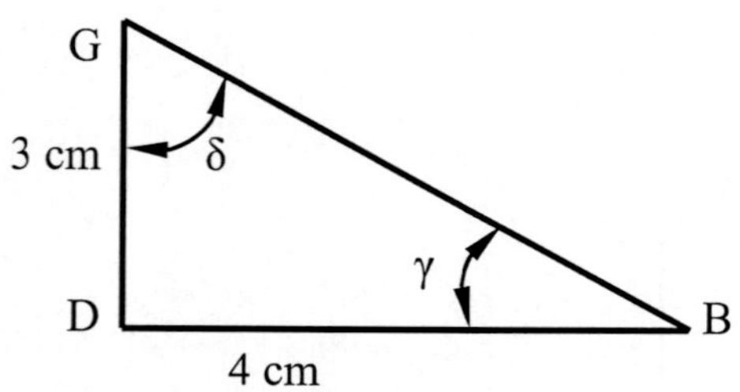

$GB^2 = 4^2 + 3^2 = 25 \Rightarrow GB = \sqrt{25} \Rightarrow \mathbf{GB = 5\ cm}$.

$tg\ \delta = 4/3 = 1{,}333$. $arctg\ (1{,}333) \Rightarrow \boldsymbol{\delta = 53{,}13^o}$.

$tg\ \gamma = 3/4 = 0{,}75$. $arctg\ (0{,}75) \Rightarrow \boldsymbol{\gamma = 36{,}87^o}$.

Análise do triângulo BEG:

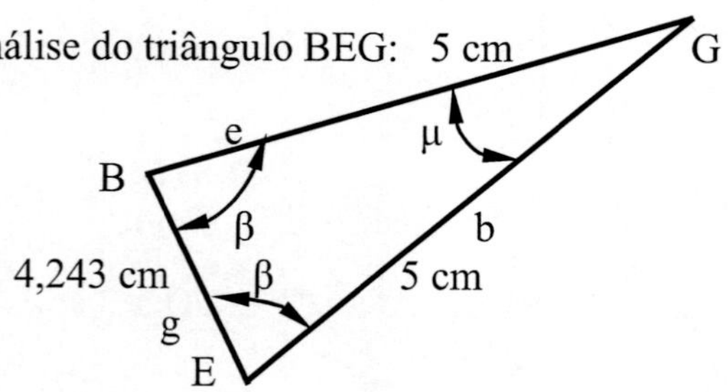

Temos um triângulo isósceles, com os valores dos três lados. Usando a lei dos cossenos determina-se o ângulo μ e o ângulo β é determinado pela lei angular de Tales.

$g^2 = b^2 + e^2 - 2.b.e(\cos \mu) \Rightarrow g^2 - b^2 - e^2 = -2.b.e(\cos \mu) \Rightarrow$

$$\cos \mu = \frac{(+g^2 - b^2 - e^2)}{-(2.b.e)} = \frac{+(4{,}243)^2 - (5)^2 - (5)^2}{-(2.5.5)} \Rightarrow$$

$$\cos \mu = \frac{+18 - 50}{-50} = \frac{-32}{-50} \Rightarrow \cos \mu = +0{,}64 \Rightarrow \boldsymbol{\mu = 50{,}208^o}.$$

$$\mu + 2\beta = 180^o \Rightarrow \beta = \frac{(180^o - 50{,}208^o)}{2} \Rightarrow \boldsymbol{\beta = 64{,}896^o}.$$

2.7.3) Desenhar, usando o par de esquadros, o compasso e o transferidor, um pentágono regular **circunscrito** a uma circunferência de diâmetro 6 cm, informando o valor do lado e o diâmetro da circunferência **inscrita** ao pentágono.

Circunscrito a uma circunferência, geometricamente, significa do lado de fora da circunferência, ou seja, o pentágono está do lado de fora da circunferência de 6 cm de diâmetro. Circunferência **inscrita** ao pentágono, significa a circunferência que está do lado de dentro do pentágono.

Raciocínio lógico geométrico: como o pentágono está do lado de fora, ou seja, circunscrito à circunferência será usado o método do ângulo central, como detalhado no exercício 4.10.2, do parágrafo 4.10, do volume 1, desta coleção de livros "Desenho Geométrico e Geometria". O ângulo central de um pentágono regular é igual a: 360º/5 = 72º.

1º Passo: traço as duas perpendiculares dos eixos de simetria e a circunferência de raio 3 cm.

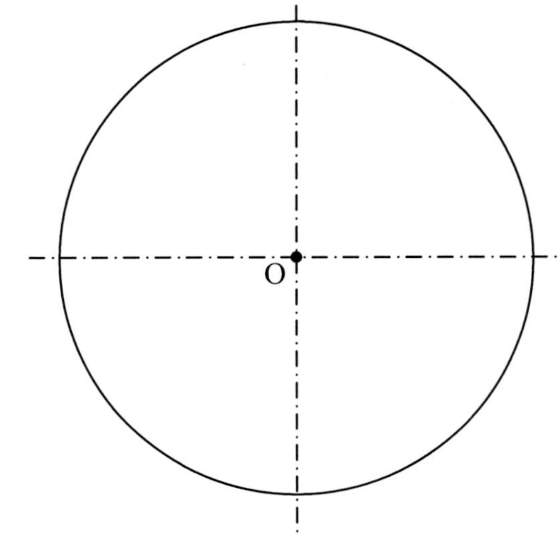

2º Passo: marco os cinco ângulos centrais de 72º, começando pelos pontos A e B, como abaixo.

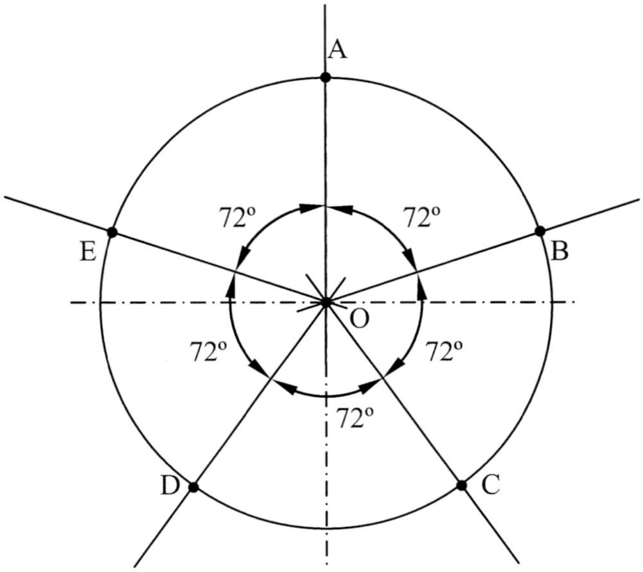

3º Passo: traço as bissetrizes de cada um dos ângulos de 72º, marcando os pontos de tangência sobre a circunferência, pois os lados do pentágono circunscrito são tangentes à circunferência.

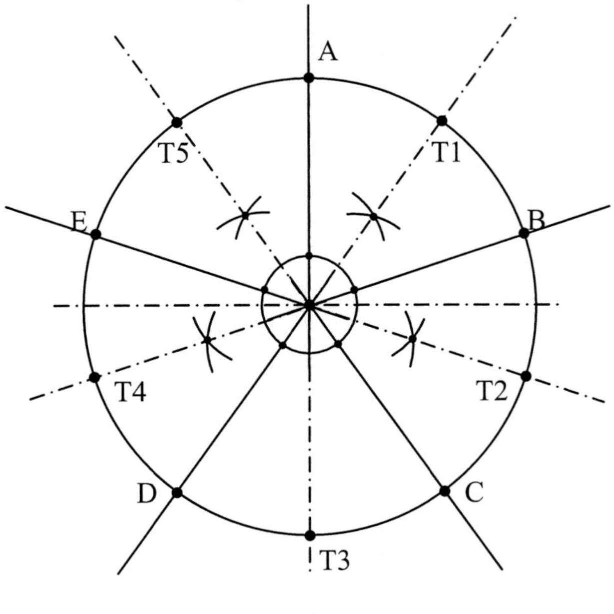

4º Passo: traço perpendiculares a cada bissetriz, passando pelos pontos de tangência, definindo os lados.

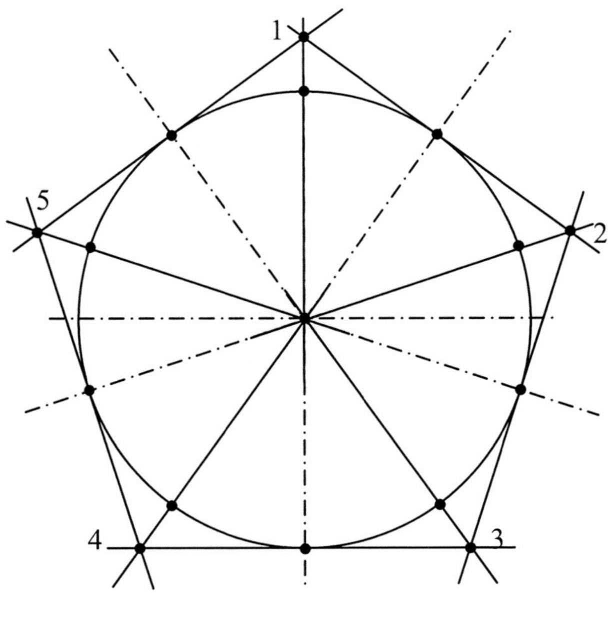

5º Passo: finalizo o pentágono.

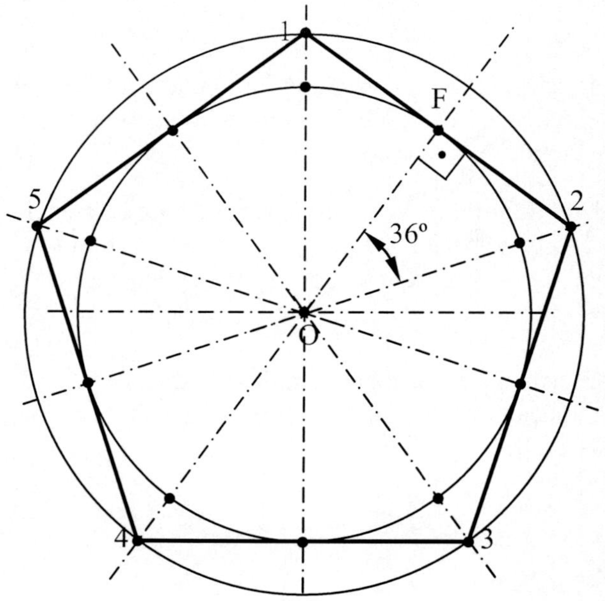

6º Passo: cálculo do lado e da circunferência inscrita.

No triângulo isósceles O12, o segmento OF é o apótema do pentágono, sendo igual ao raio da circunferência inscrita, ou seja, 3 cm.
O triângulo retângulo OF2, tem o ângulo O igual a 36º e o ângulo 2 igual a 54º. O segmento OF2 é a metade do lado do pentágono circunscrito.
tg 36º = F2/OF => F2 = OF(tg 36º). tg 36º = 0,72654.
2F2 = (2)(3 cm)(0,72654) = 4,359 cm, portanto:

Lado do pentágono circunscrito igual a 4,359 cm.

Segundo o triângulo OF2, o raio da circunferência circunscrita é O2, sendo a hipotenusa do triângulo retângulo OF2, portanto: $(O2)^2 = (OF2)^2 + (F2)^2$ => $O2 = \sqrt{(OF2)^2 + (F2)^2} = \sqrt{(3)^2 + (2,1795)^2} = \sqrt{13,75}$ => O2 = 3,708 cm. Ou seja:

o diâmetro da circunferência circunscrita ao pentágono é 7,416 cm.

2.8 Exercícios propostos

2.8.1) Usando o par de esquadros e o compasso, desenhar um octógono regular inscrito a uma circunferência de diâmetro 5 cm, determinando o comprimento das diagonais menores.

2.8.2) Considerando o triângulo isósceles ABC e as dimensões mostradas, determinar o comprimento do segmento AE, bem como todos os ângulos dos quatro triângulos formados e do trapézio ABDE.

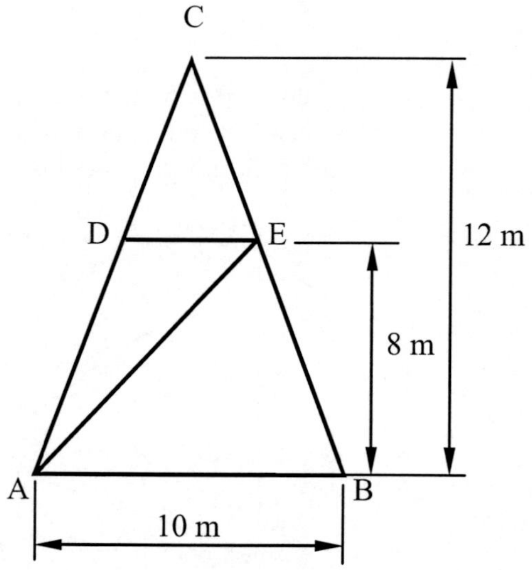

Capítulo 3

Concordâncias de arcos com retas e de arcos com arcos. Estudo das ovais geométricas: ovais regulares e irregulares, elipses, "falsas" elipses e espirais

Concordar um arco com uma reta ou entre dois arcos, significa ligar esses elementos geométricos de forma que se passa de um para outro de maneira contínua, sem ângulo e inflexão.

3.1 Concordâncias de arcos com retas

Existem diferentes formas de concordar arcos com retas e, a seguir serão apresentadas as três principais.

Concordar um arco de circunferência, de raio R, com um segmento de reta AB.

Passo a passo para concordar um segmento de reta AB, de comprimento 6 cm, com um arco de circunferência, com concordância no ponto A.
1º Passo: traço segmento AB, 2º Passo: pelo ponto A, usando o par de esquadros, traço uma perpendicular AP (para cima ou para baixo) ao segmento AB, 3º Passo: na perpendicular AP, marco o centro O do raio R do arco desejado e 4º Passo: com centro em O e raio OA traço o arco desejado.

1º Passo: traço segmento AB.

2º Passo: traço perpendicular AP.

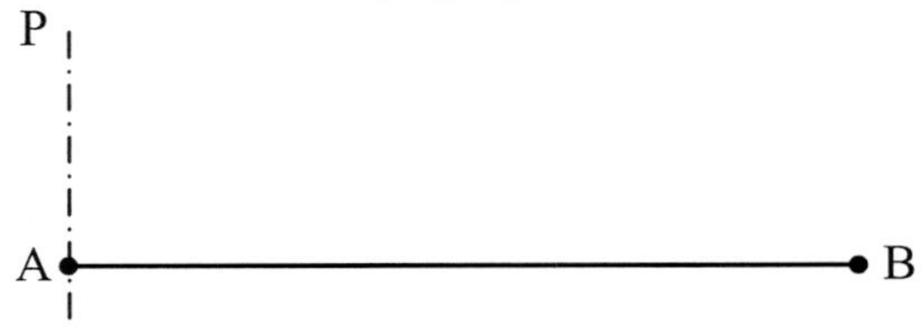

3º Passo: marco centro O de raio R.

4º Passo: traço o arco desejado

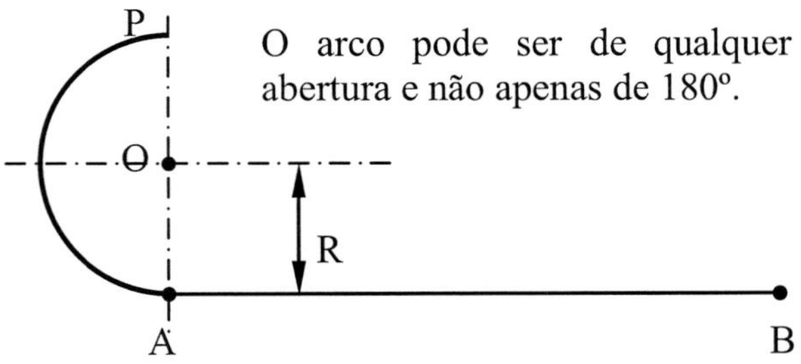

O arco pode ser de qualquer abertura e não apenas de 180º.

Concordar um arco de circunferência, de raio R, com um segmento de reta AB, passando por um determinado ponto C.

Concordar o segmento de reta AB, de comprimento 4 cm, pelo ponto B, com um arco de circunferência que passe pelo ponto C, como mostrado.

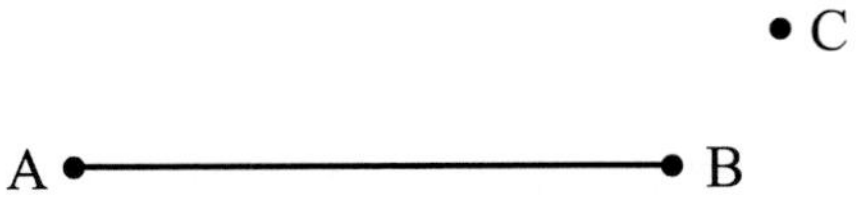

1º Passo: uno os pontos B e C.

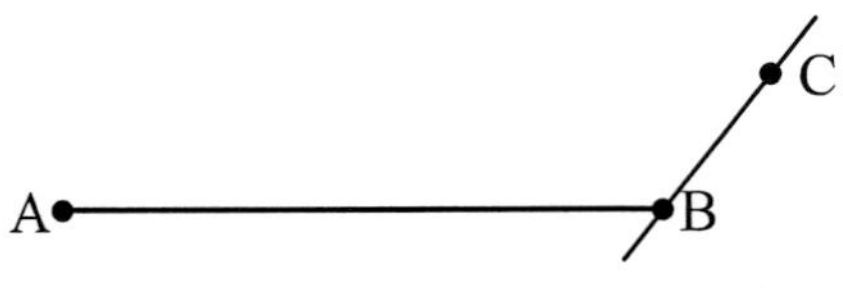

Raciocínio lógico geométrico:

1º Passo: uno os pontos B e C, com um segmento, 2º Passo: traço uma perpendicular a AB, pelo ponto B e para cima, 3º Passo: traço a mediatriz de BC, definindo o ponto O, centro do arco, onde a mediatriz encontra com a perpendicular e 4º Passo: com centro em O e raio OB = OC, traço o arco que passa um pouco do ponto C.

2º Passo: traço perpendicular por B, para cima.

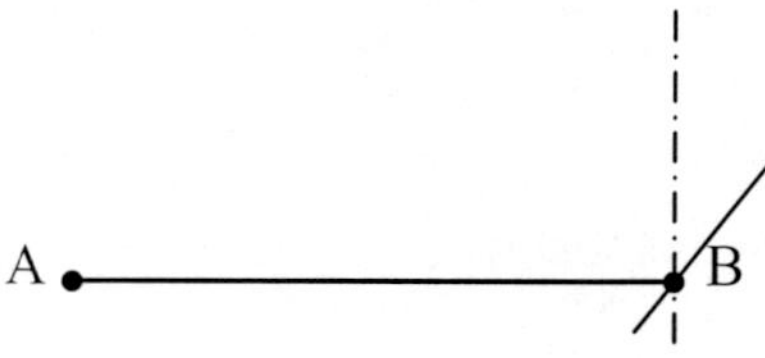

3º Passo: traço a mediatriz de BC, definindo o ponto O.

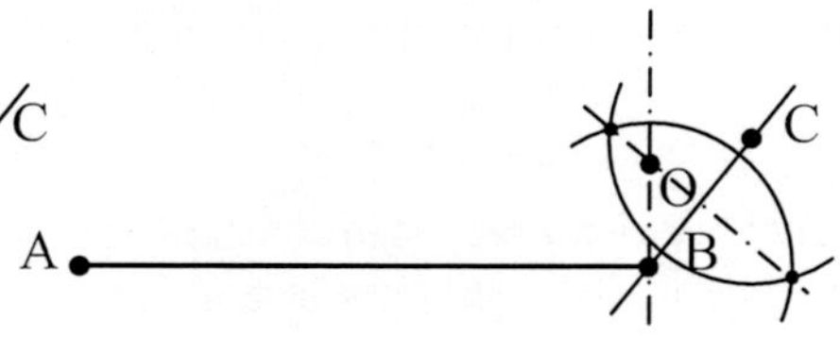

4º Passo: traço o arco que passa pelo ponto C.

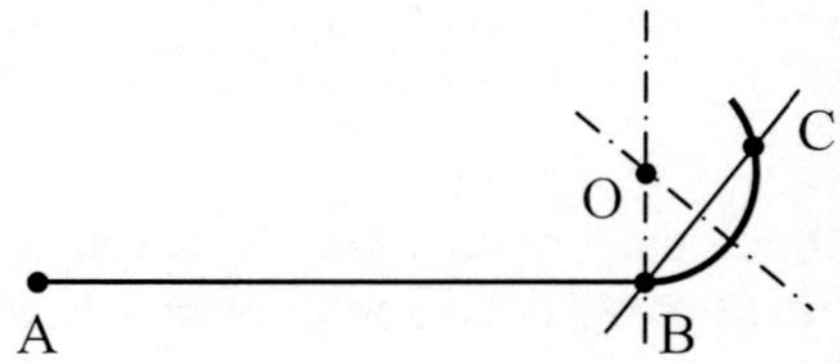

Concordar um arco de circunferência, de raio R, com duas retas convergentes.

Concordar um arco de raio 1 cm, com as retas r e s convergentes mostradas:

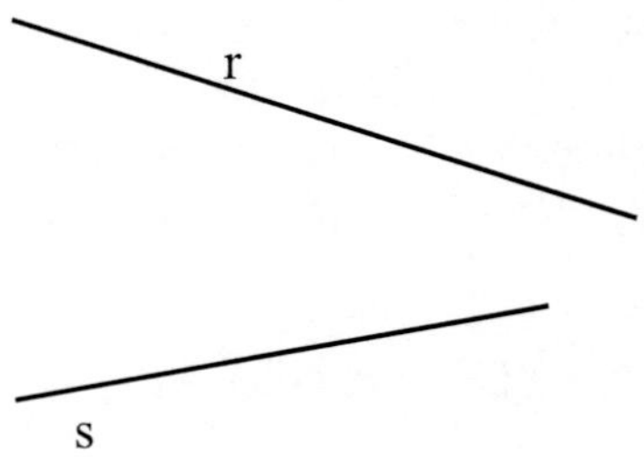

Raciocínio lógico geométrico:

1º Passo: prolongo as retas, determinando o vértice V do ângulo formado por elas, 2º Passo: traço a bissetriz do ângulo, 3º Passo: traço perpendiculares às retas, por pontos A e B distantes do vértice, 4º Passo: marco nessas retas o raio de 1 cm, determinando os pontos C e D, 5º Passo: pelos pontos C e D, traço paralelas às retas r e s, 6º Passo: onde essas retas se encontram é o centro O do raio do arco de concordância, 7º Passo: a partir do ponto O, traço perpendiculares às retas r e s, determinando os pontos C1 e C2 de concordância e 8º Passo: com centro em O e raio OC1 = OC2, traço o arco de raio 1 cm.

1º Passo: prolongar as retas, determinando o vértice V.

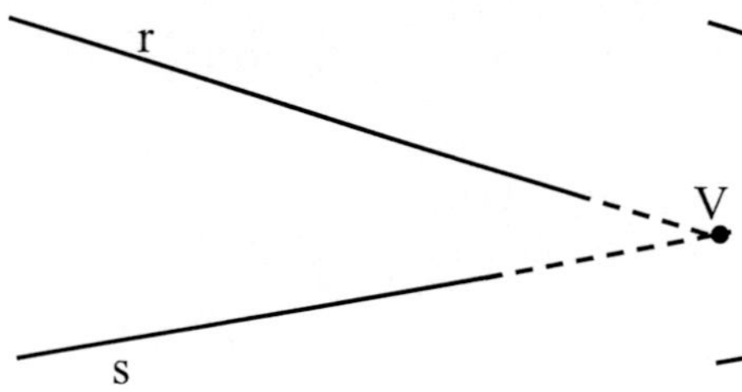

2º Passo: traçar a bissetriz do ângulo.

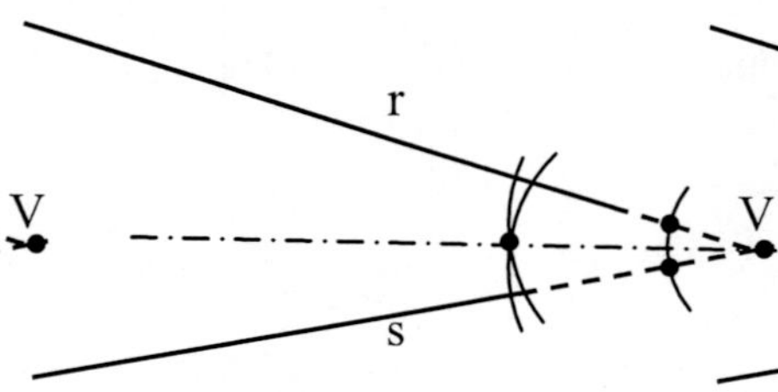

3º Passo: traçar perpendiculares às retas r e s, pelos pontos A e B.

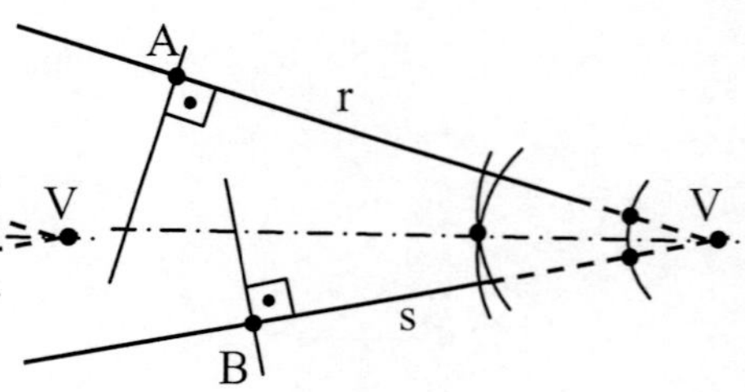

4º Passo: nas perpendiculares marcar pontos C e D, com 1 cm.

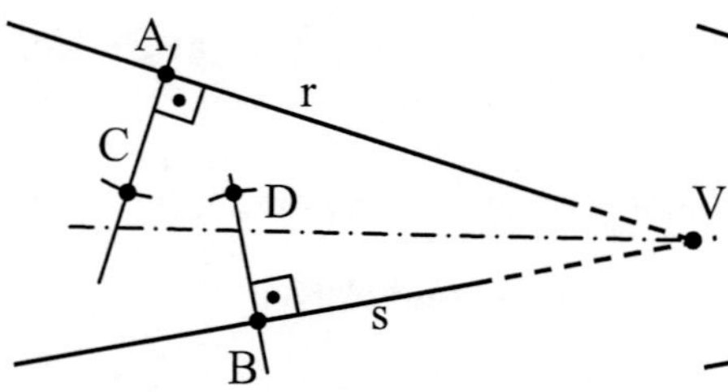

5º Passo: pelos pontos C e D, traçar paralelas às retas r e s.

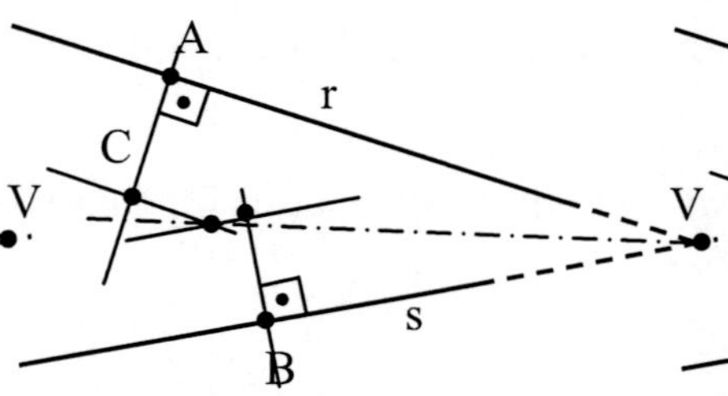

6º Passo: no encontro das paralelas tem-se o centro O do arco. (Ponto O é sobre a bissetriz)

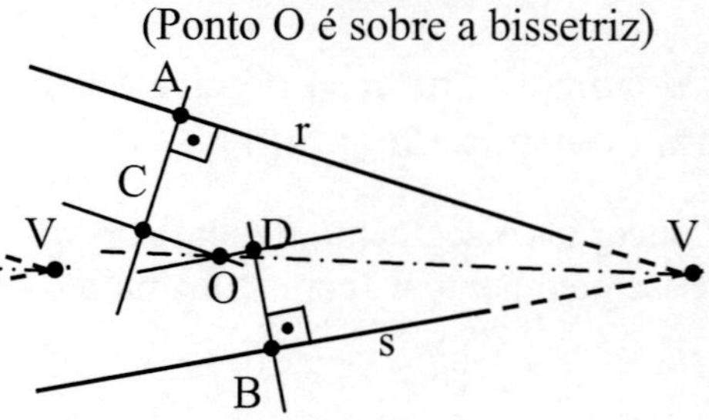

7º Passo: pelo ponto O, traçar perpendiculares às retas r e s, determinando pontos de concordância.

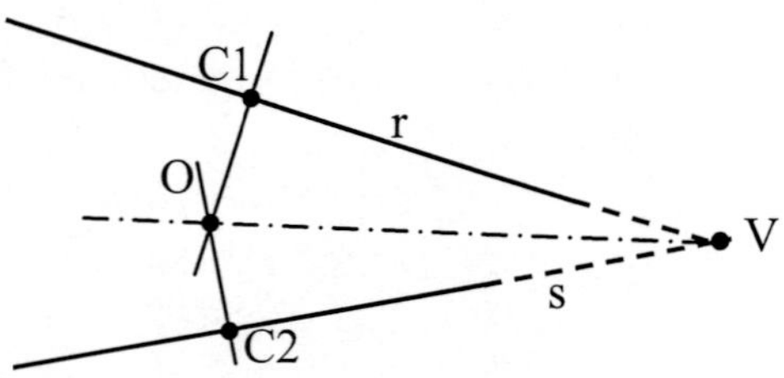

A circunferência de diâmetro 2 cm é tangente às retas r e s, nos pontos C1 e C2, tornando-se T1 e T2.

8º Passo: com centro em O e raio OC1 = OC2, traço o arco de raio 1 cm.

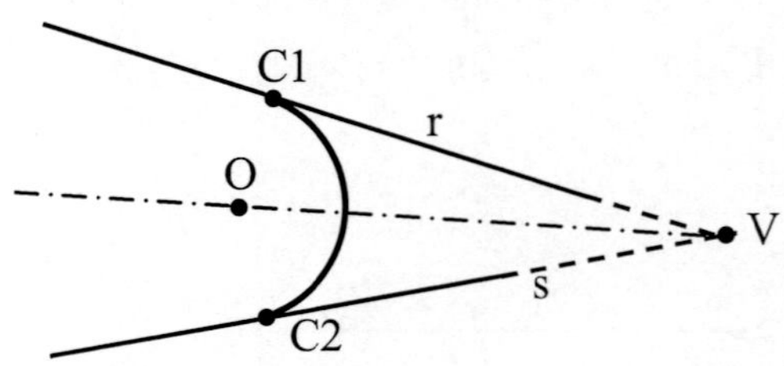

3.1.1 Exercício resolvido sobre concordância de arcos de circunferências com retas

Dado o trapézio escaleno a seguir, usando o par de esquadros e o compasso, concordar os quatro ângulos internos com arcos de circunferências de diâmetro 1,5 cm (ou 15 mm).

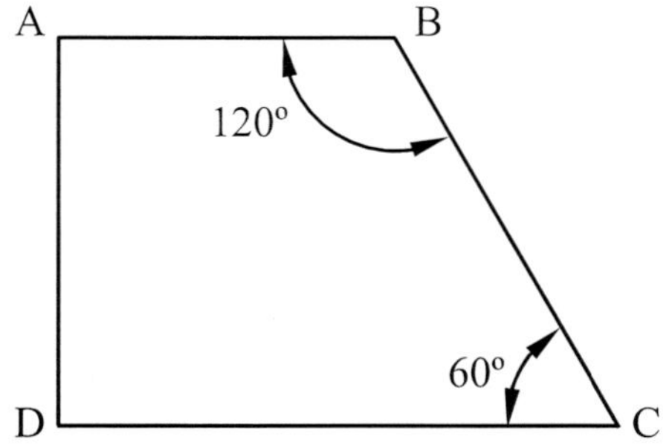

Raciocínio lógico geométrico:

Trata-se de concordar retas convergentes, ou seja, que formam ângulos. Como visto anteriormente, nesses casos inicia-se pelo traçado das bissetrizes os ângulos e, como os ângulos são: 60º, 90º e 120º, os esquadros de 30º x 60º e 45º serão os instrumentos principais e depois, obviamente, o compasso será usado para desenhar os arcos.

1º Passo: traçar as quatro Bissetrizes, com os esquadros.

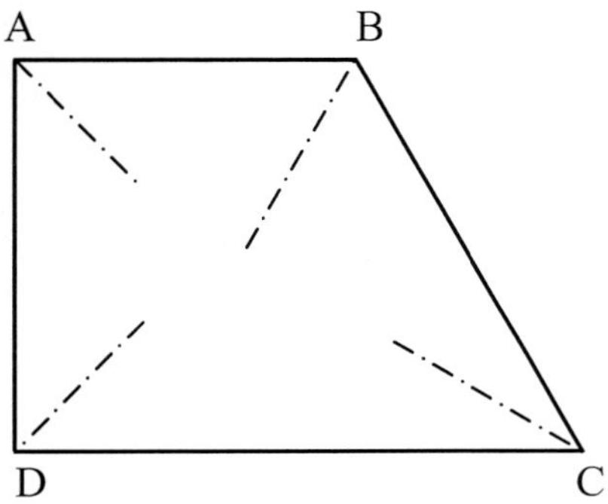

2º Passo: a partir de cada vértice, marcar arcos de raio 0,75 cm de raio, já definindo os pontos de concordâncias, exceto os dos vértices B e C.

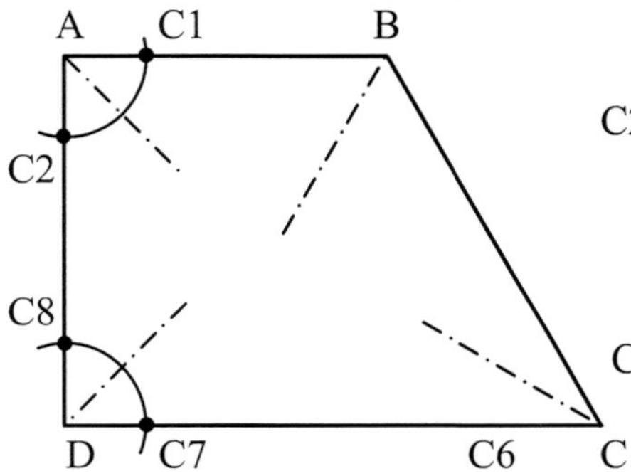

3º Passo: pelos pontos de concordância, traçar paralelas e perpendiculares a cada lado, para marcar os centros O de concordâncias.

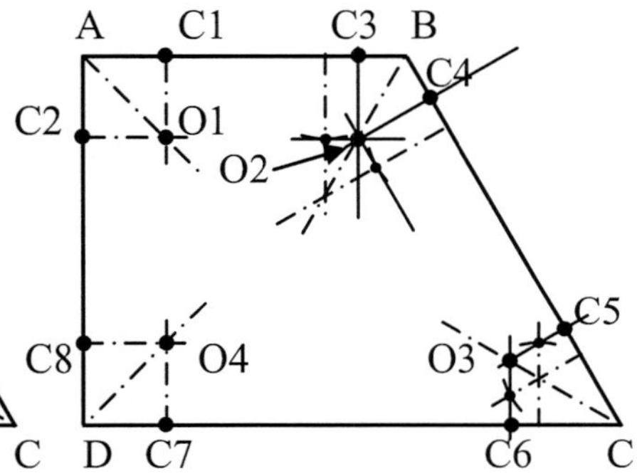

4º Passo: por cada centro O traço os arcos de raio 0,75 cm, passando pelos pontos de concordâncias C.

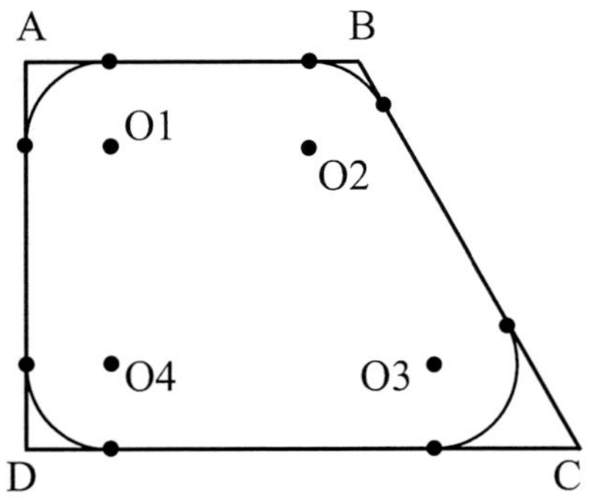

Esse tipo de construção geométrica tem aplicações práticas, em especial na Arquitetura, *Design* e Engenharia.

5º Passo: finalizo o trapézio escaleno com os quatro vértices concordados ou arredondados.

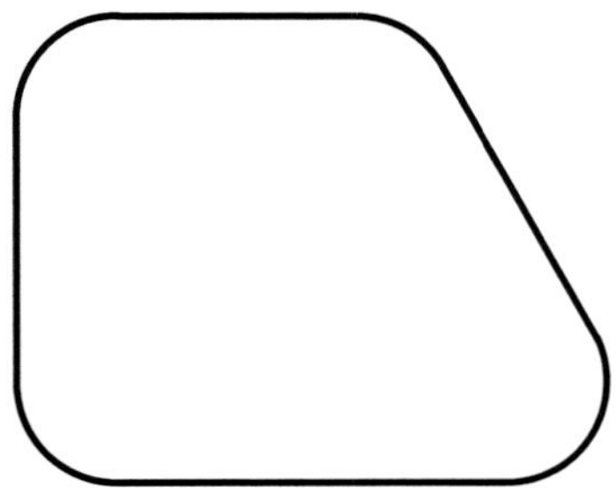

3.2 Concordâncias de arcos com arcos

Existem diversas concordâncias deste tipo, sendo muito utilizadas na Engenharia, em especial na Civil e Mecânica. A seguir são mostradas algumas dessas concordâncias e um exercício.

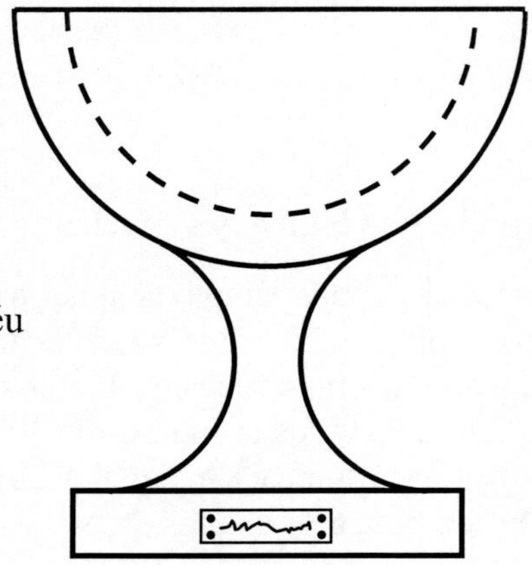

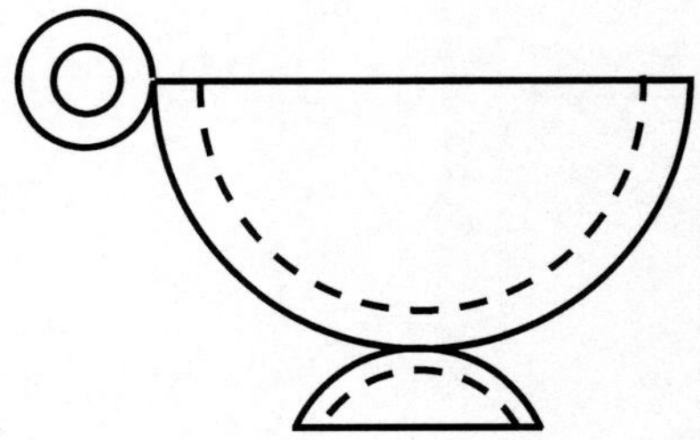

3.2.1 Exercícios resolvidos

1) Concordar o segmento de reta AB com um arco de circunferência que passe pelos ponto B e P.

1º Passo: traçar uma perpendicular ao segmento AB, pelo ponto B.

2º Passo: unir os pontos P e B.

3º Passo: traçar a mediatriz de PB.

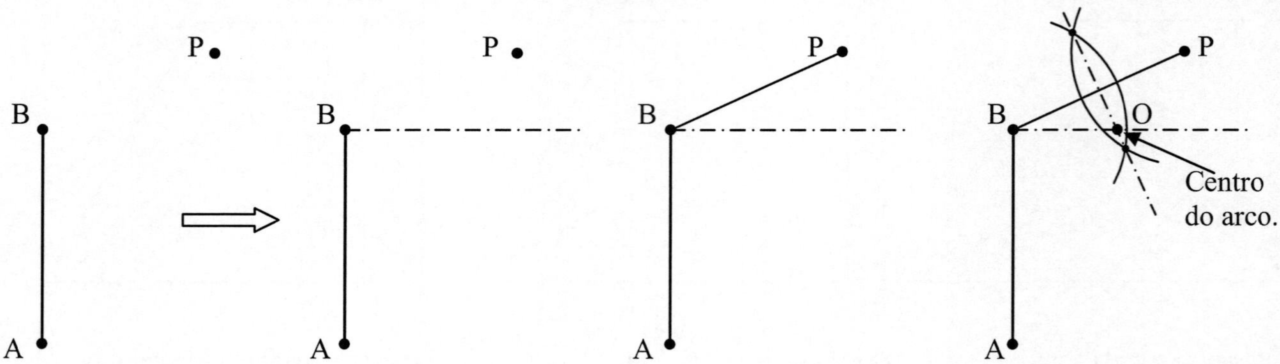

4º Passo: traçar o arco pedido, com centro em O e raio OB = OP.

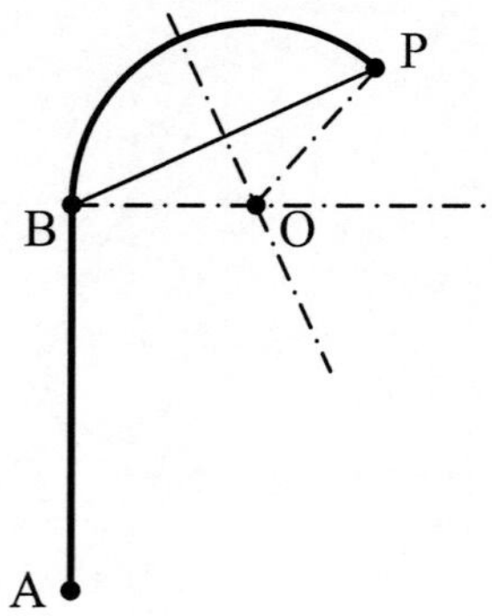

O exercício 2, a seguir pede a concordância de dois arcos de circunferência, de raios diferentes e sentidos contrários, como aqui mostrados.

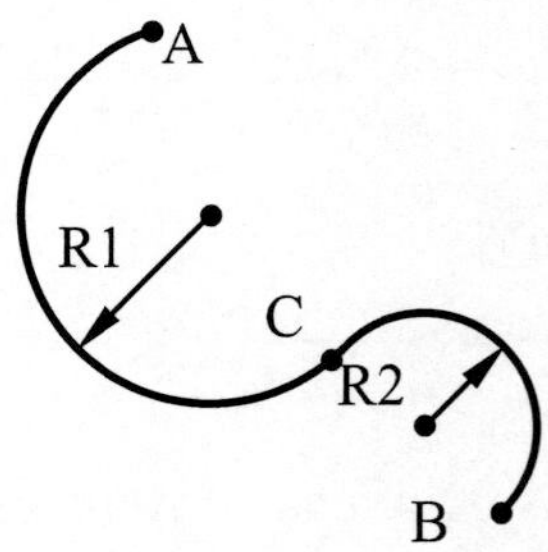

2) Concordar dois arcos de circunferências AC e BC, no ponto C, com arcos de sentido contrário, com o segundo arco passando pelo ponto B.

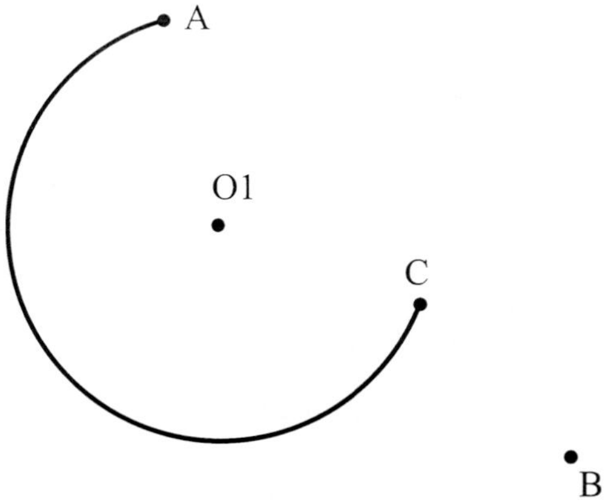

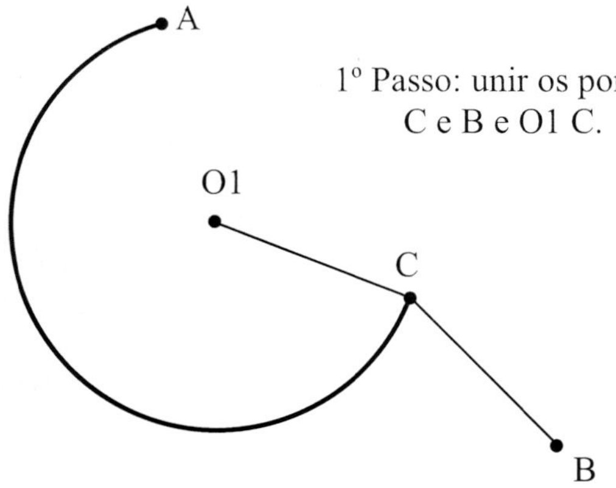

1º Passo: unir os pontos C e B e O1 C.

2º Passo: Traçar a mediatriz de CB.

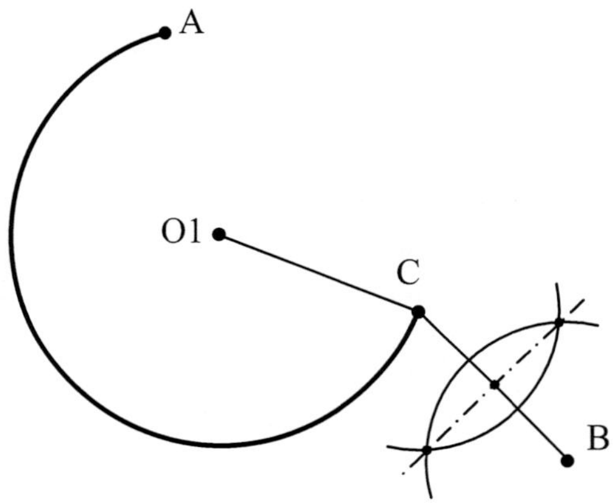

3º Passo: prolongar o segmento O1C, até interceptar a mediatriz de CB, determinando o centro O2 do segundo arco.

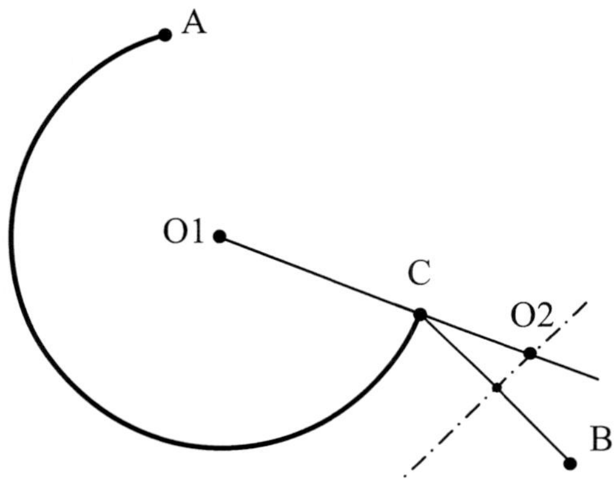

4º Passo: com centro em O2 e raio O2B = O2C traçar o segundo arco concordando em C.

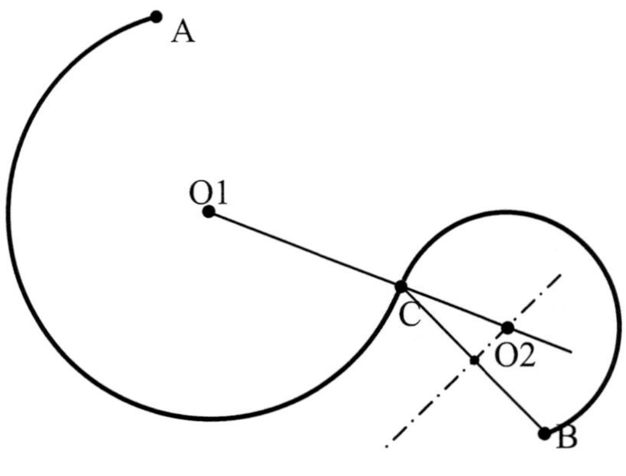

Resultado final.

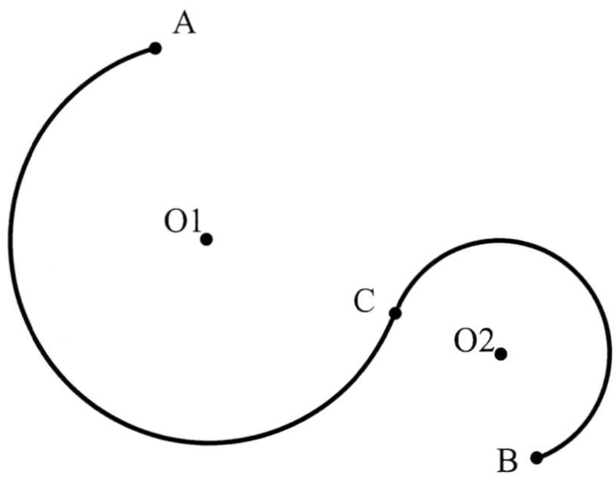

3.3 Estudo das ovais geométricas

O termo "oval" vem do latim "*ovum*", que significa "ovo". Uma oval geométrica tem essa denominação devido à semelhança entre a sua forma geométrica e a de um ovo. Matematicamente, uma oval é definida como uma curva fechada podendo ser regular ou irregular, na forma de elipse ou por uma espiral, que não é uma curva fechada.

3.3.1 Ovais ou óvulos irregulares (o ovo de Páscoa)

A seguir são mostradas as construções de dois tipos de ovais ou óvulos irregulares, que na prática são usados, por exemplo, para as formas de ovos de Páscoa.

Óvulo de quatro centros (A partir de uma circunferência de diâmetro 3 cm).

1º Passo: traçar uma circunferência de diâmetro 3 cm, marcando os eixos de simetria e os pontos ABCD.

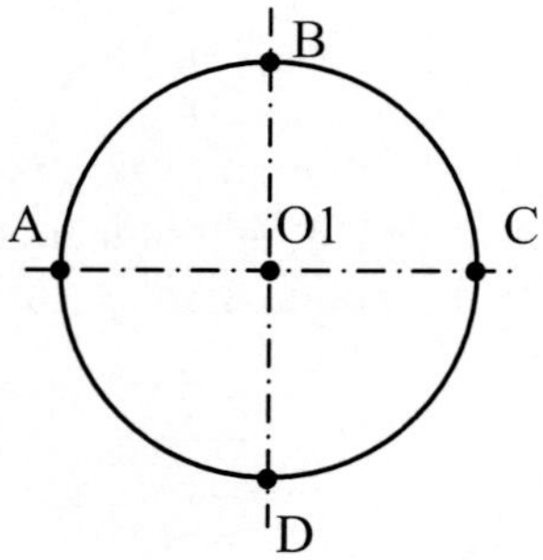

2º Passo: traçar os segmentos AD e CD, prolongando-os para determinar outro centro.

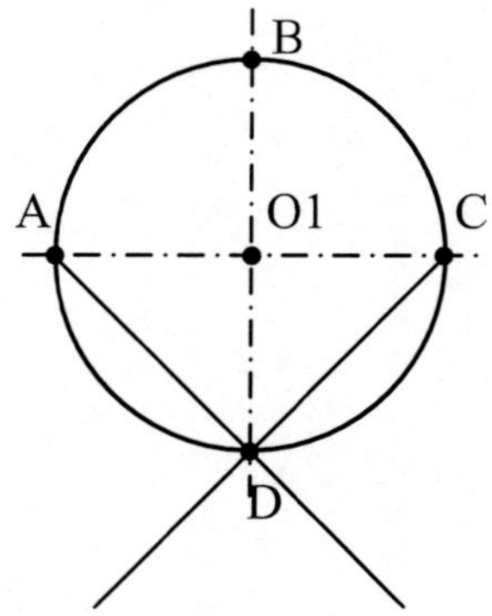

3º Passo: traçar os arcos AC e CA, determinando os pontos E e F.

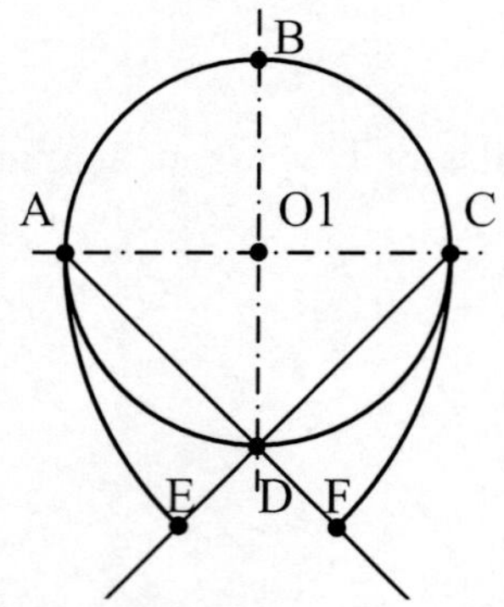

4º Passo: com centro em D, traçar arco DEF, fechando o óvulo de centros: A,B,C e D.

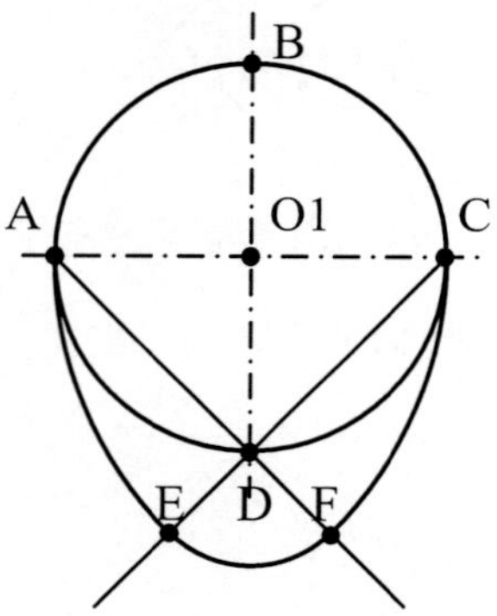

5º Passo: o óvulo finalizado, como um elemento geométrico.

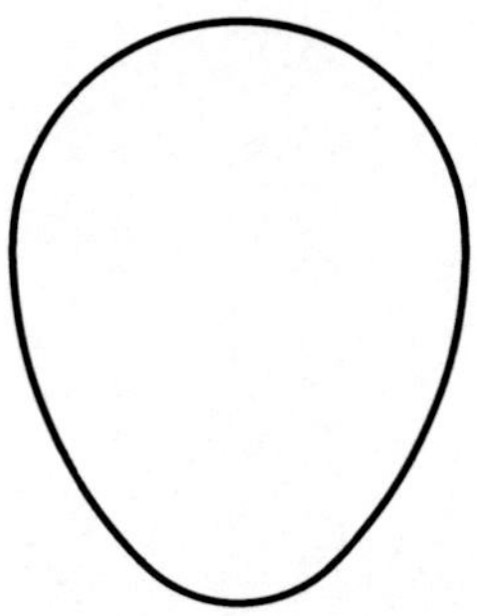

Se o óvulo for girado em relação ao eixo BD, origina uma superfície tridimensional chamada ovoide.

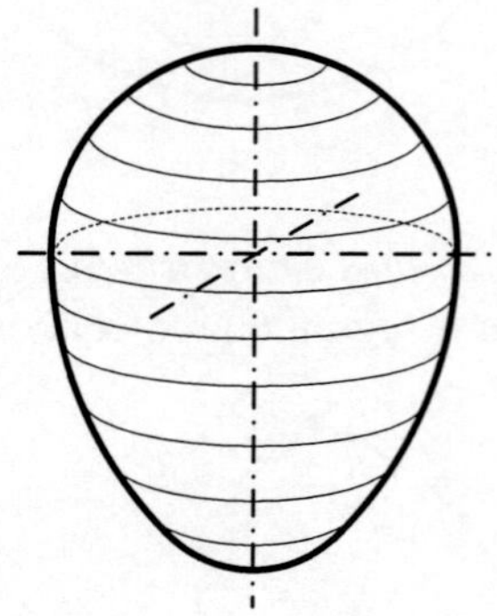

Um ovoide configura uma Arte Geométrica.

O óvulo de seis centros (A partir de uma circunferência de diâmetro 3 cm).

1º Passo: traçar uma circunferência de diâmetro 3 cm, marcando os eixos de simetria e os pontos ABCD.

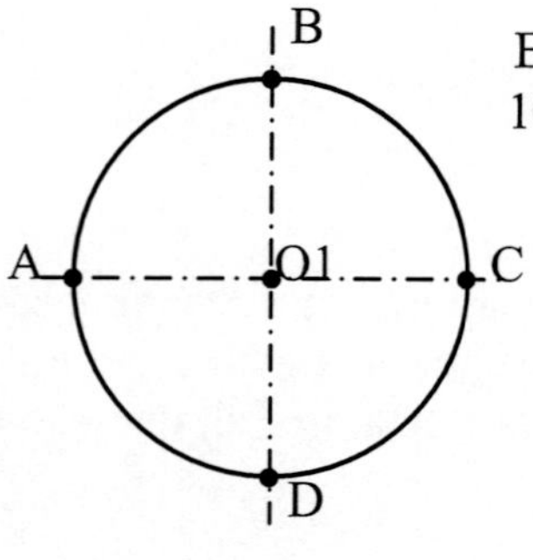

2º Passo: dividir o diâmetro AC em quatro partes iguais, marcando duas dessas partes para a direita e para a esquerda, no diâmetro AC.

EA = CF = A1=
1O1= O12 = 2C.

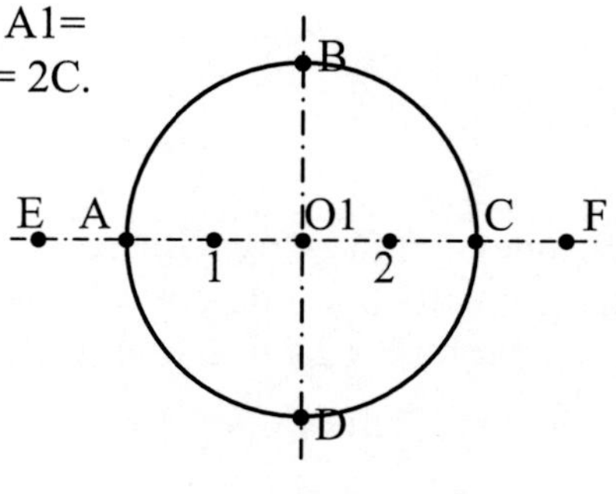

3º Passo: marcar de O1 para baixo a medida CF, e depois uma vez e meia CF, determinando os pontos 3 e 4.

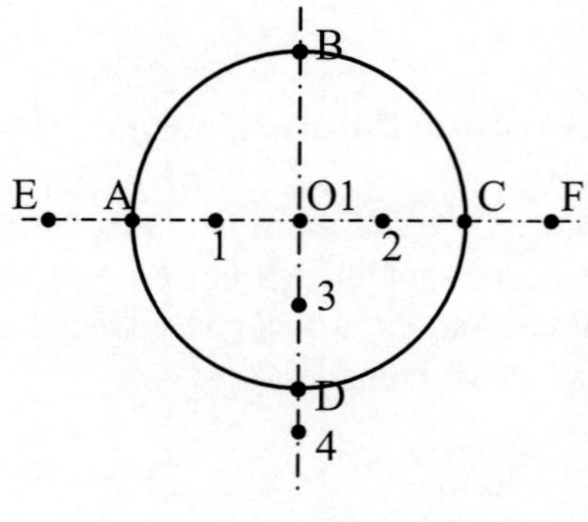

4º Passo: pelos pontos E e F, traçar segmentos passando pelo ponto 3, determinando os pontos 5 e 6, sobre a linha da circunferência.

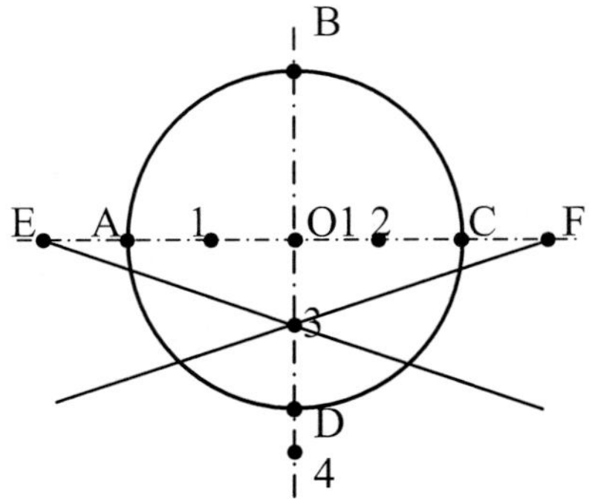

5º Passo: pelos pontos E e F, traçar segmentos de raios EA = FC, marcando os pontos 7 e 8 e tendo-se os seis centros da oval: O1, E, F, 8, 9 e 4. Traçar retas 74 e 85, que determinarão pontos 9 e 10.

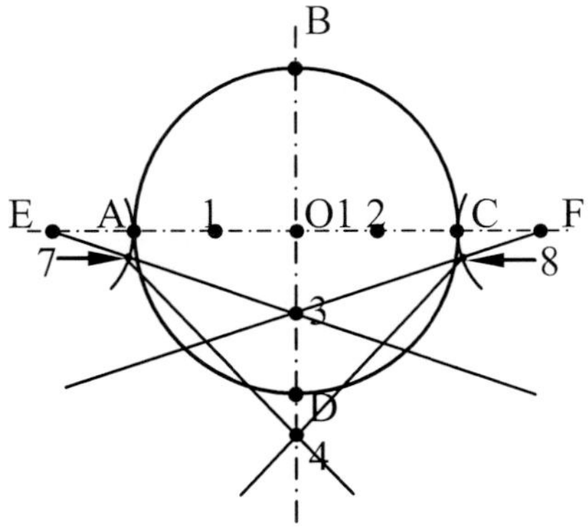

6º Passo: finalizar a oval, traçando os arcos pelos centros: E, F, 7, 8 e 4 com os raios: EC, FA, 76, 85 e 49 = 410. Os pontos 9 e 10 só são definidos após traçar os arcos de raios 76 e 89.

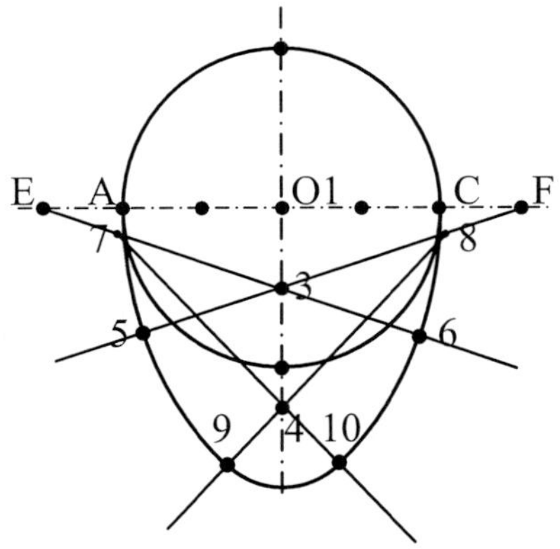

7º Passo: a oval de seis centros, como um elemento geométrico de uma linha fechada.

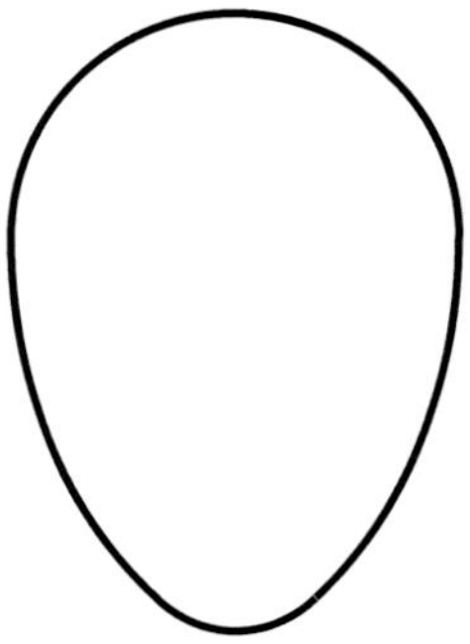

Além de servirem como formas para ovos de Páscoa, os ovoides, especialmente os de porcelana e cerâmica, permitem a realização de belíssimas obras de Arte Geométrica ou clássica.

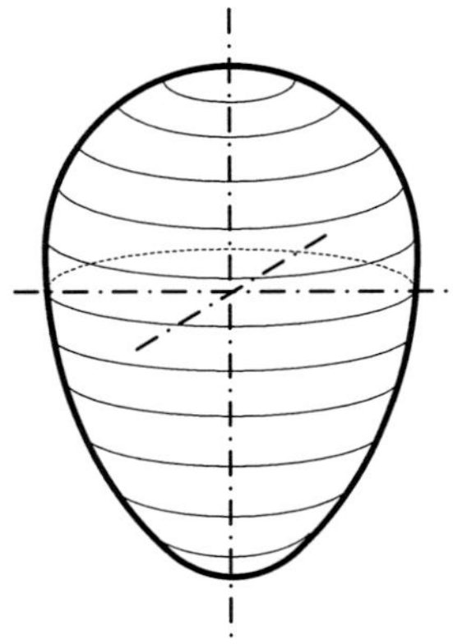

Um ovoide de seis centros como uma Arte Geométrica.

Essa oval é um pouco mais alongada do que a de quatro centros.

3.3.2 Ovais regulares (falsas elipses)

Essas ovais são chamadas de "falsas elipses", pois elas não têm equações algébricas, como as elipses reais oriundas de cortes de cilindros circulares retos ou cones circulares retos. As ovais regulares ou simétricas caracterizam-se pelos seus dois eixos de simetria: o maior e o menor. Nesse parágrafo serão mostradas as construções geométricas das seguintes ovais regulares: 1) de oito centros, conhecendo-se seu eixo menor, com o eixo maior na vertical. 2) de quatro centros, conhecendo-se o seu eixo maior, posicionado na horizontal e 3) de quatro centros, conhecendo-se os seus eixos maior e menor.

A oval regular de oito centros

(A partir de uma circunferência de diâmetro CD = 2,5 cm).

1º Passo: traçar a circunferência com os dois eixos de simetria e dividir o eixo vertical CD em seis partes iguais.

2º Passo: traçar um retângulo, centralizado no eixo AB, de lado maior igual a 2,5 cm e lado menor igual a três das divisões do diâmetro vertical, ou seja, 1,25 cm.

3º Passo: unir pontos 1 e 3 à 1ª divisão (ponto E) do diâmetro CD e unir pontos 2 e 4 à 5ª divisão (ponto F) do diâmetro CD. Essas quatro linhas prolongadas determinam os pontos G, H, I e J, nos lados maiores do retângulo.

1º Passo:

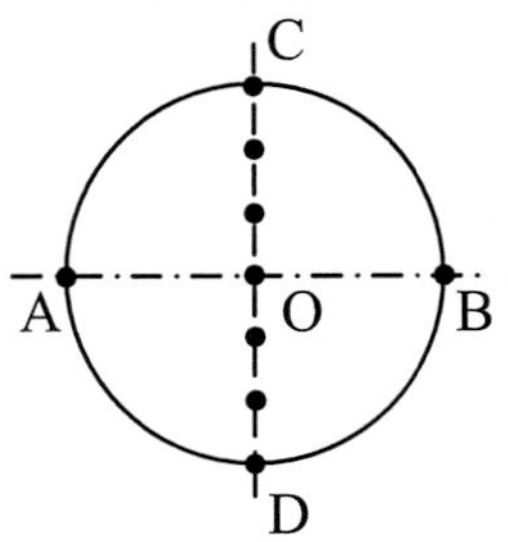

2º Passo:

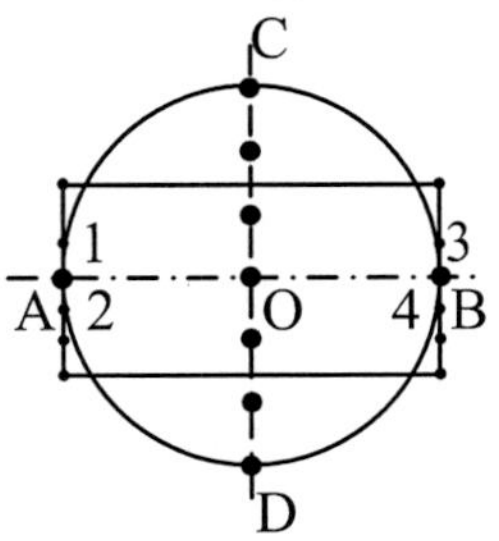

3º Passo:

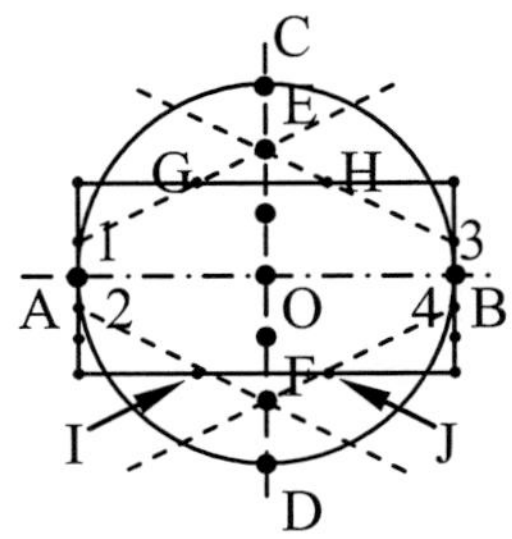

4º Passo: unir pontos G e H a C e I e J a D, prolongando os segmentos, bem como unir e prolongar segmentos que passam por G, H, I e J, à 1ª e 5ª divisão de CD, determinando s pontos K e L e definindo os oito centros: C, D, G, H, I, J, K e L.

5º Passo: traço os oito arcos fechando a oval de oito centros. os arcos são: KB, LA, parando em G', H', I' e J'. HH' e GG', parando em H" e G". II' e JJ', parando em I" e J". CG" = CH" e DI" = DJ" fecham a oval.

6º Passo: a oval regular de oito centros, como um elemento geométrico, de uma linha fechada.

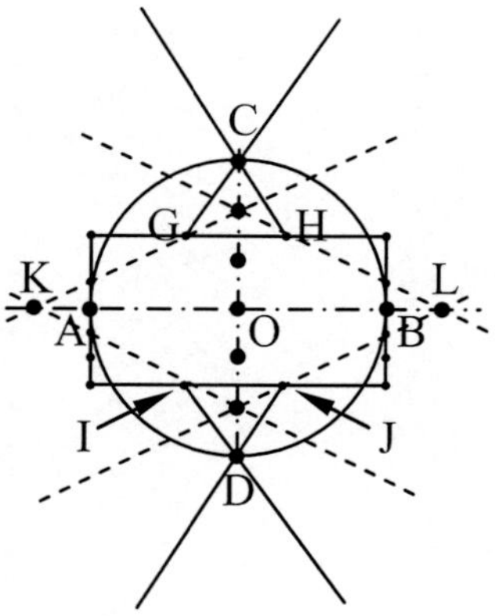

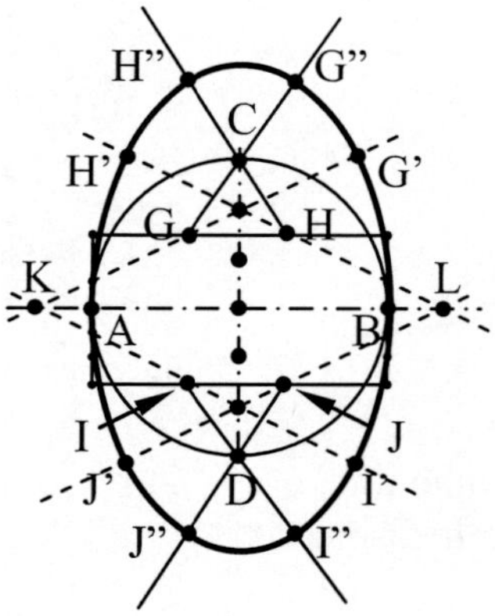

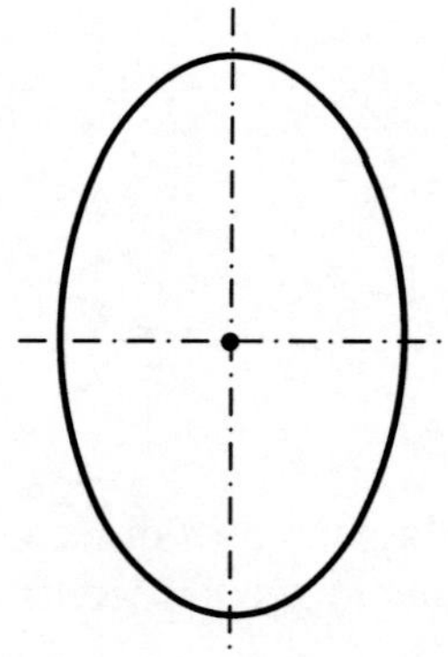

3.3.3 Elipses

A elipse é conhecida desde a Grécia antiga, sendo inclusive usada em algumas construções do Império Romano. Especialmente a Arquitetura e a Engenharia, utilizam construções e equipamentos no formato elipsoidal. Conchas acústicas, entrada de túneis e tampos de vasos de pressão, são alguns exemplos de aplicações práticas das elipses. Existem alguns métodos para o traçado geométrico aproximado de uma elipse, com régua e compasso, sendo os dados de entrada as dimensões dos eixos maior (2a) e menor (2b), como o método a seguir descrito.

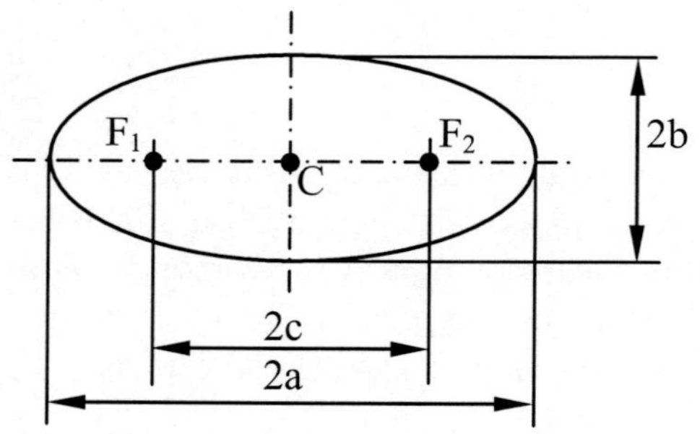

- 2a = eixo maior.
- 2b = eixo menor.
- 2c = distância focal. (F_1 e F_2 são os focos da elipse).
- C = centro da elipse.

Será feito o traçado geométrico aproximado de uma elipse, conhecendo-se apenas as dimensões dos eixos maior A_1A_2 e menor B_1B_2.

1º Passo: traço os eixos maior A_1A_2 e menor B_1B_2, observando que o eixo menor B_1B_2 é perpendicular ao eixo maior, passando pelo ponto médio do mesmo, ou seja, do centro C da elipse.

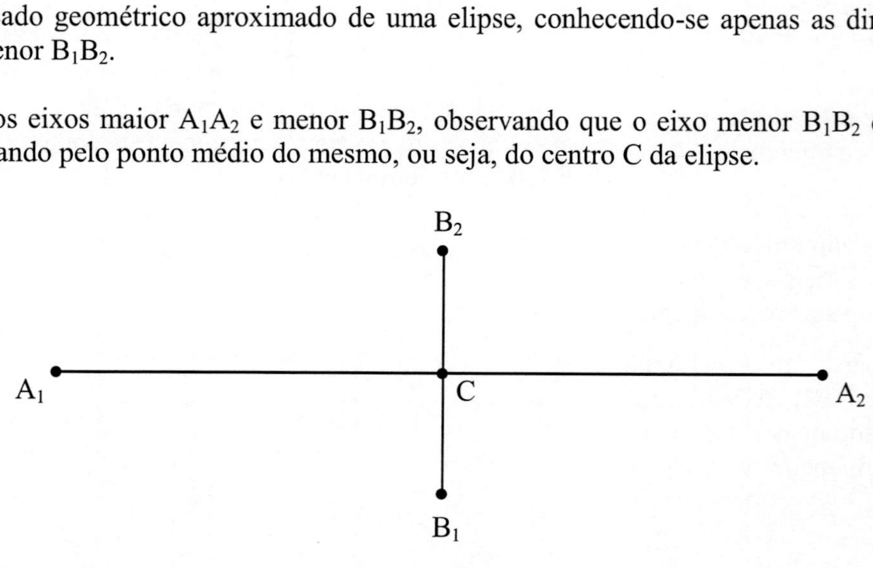

2º Passo: traço circunferências de diâmetros A_1A_2 e B_1B_2.

3º Passo: dividem-se as duas circunferências em partes iguais, no caso serão em 12 partes, ou seja, com 12 ângulos centrais de 30º.

4º Passo: traçam-se retas perpendiculares ao eixo A_1A_2 pelos pontos que dividem a circunferência maior.

5º Passo: traçam-se retas perpendiculares ao eixo B_1B_2 pelos pontos que dividem a circunferência menor.

6º Passo: marcam-se os 12 pontos de interseção das linhas tracejadas verticais e horizontais.

7º Passo: unindo-se os 12 pontos (1 a 12) tem-se a elipse. Quando feito de forma analógica, ou seja, no papel usando compasso, esquadro e régua, o ajuste das curvas da elipse tem que ser feito com um instrumento chamado "curva francesa".

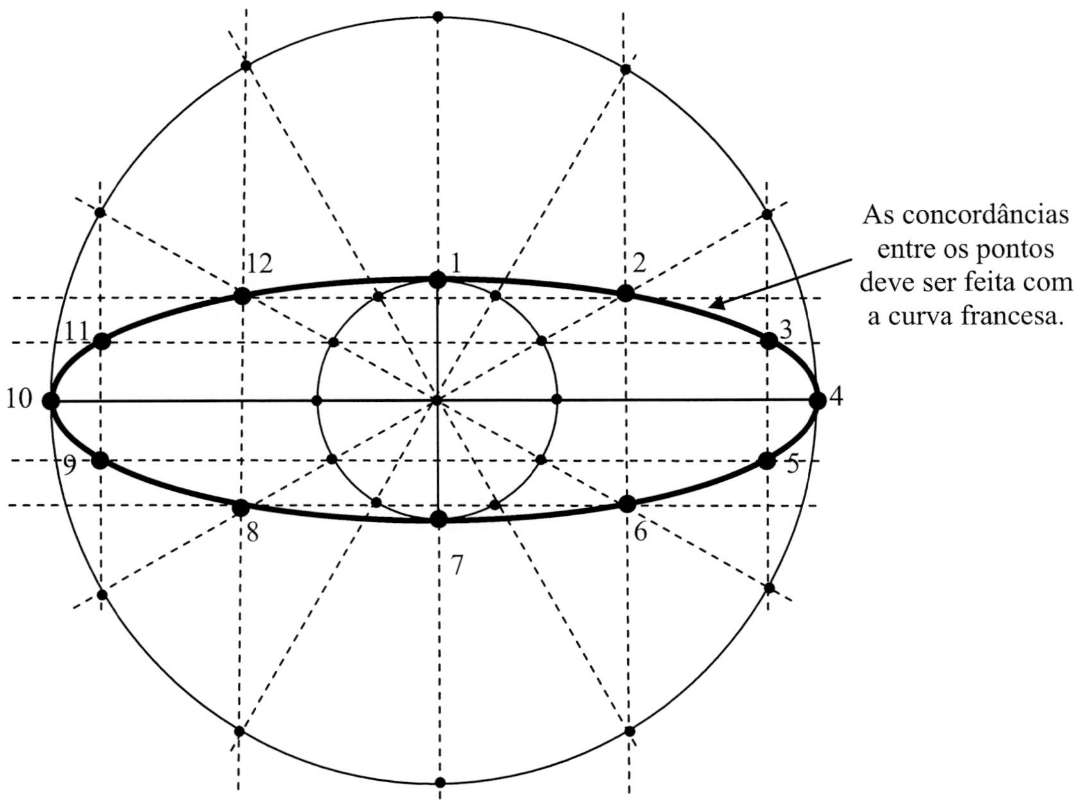

A elipse finalizada

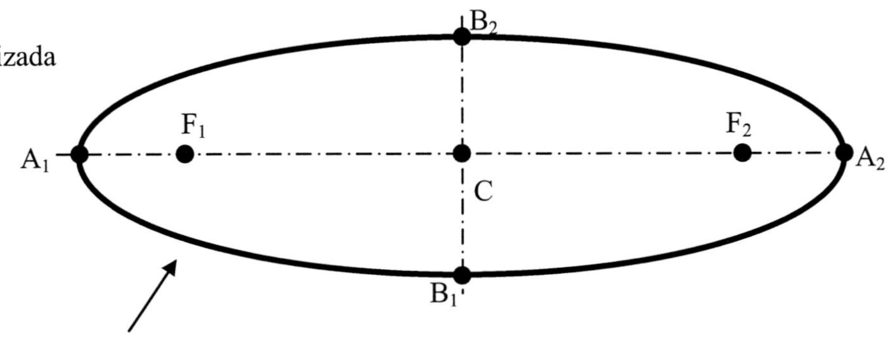

Estas curvas devem ser desenhadas com auxílio de uma curva francesa*,

*Curva francesa são tipos de gabaritos plásticos, com diversos recortes em curvas com vários raios e comprimentos diferentes, permitindo ajuste nos mais diferentes tipos de elipses e outras curvas.

3.4 Estudo das espirais

Espiral é uma curva plana que gira em torno de um ponto central (chamado polo), dele se afastando ou se aproximando segundo uma determinada lei matemática A espiral pode ser para a direita ou para a esquerda.

3.4.1 A espiral de ouro (baseada no retângulo de ouro)

Se um retângulo for construído com os segmentos de reta AB e AE, a seguir mostrados, ele será denominado retângulo de ouro, onde o lado maior será igual ao menor multiplicado pelo número de ouro (AB = AE . ϕ).

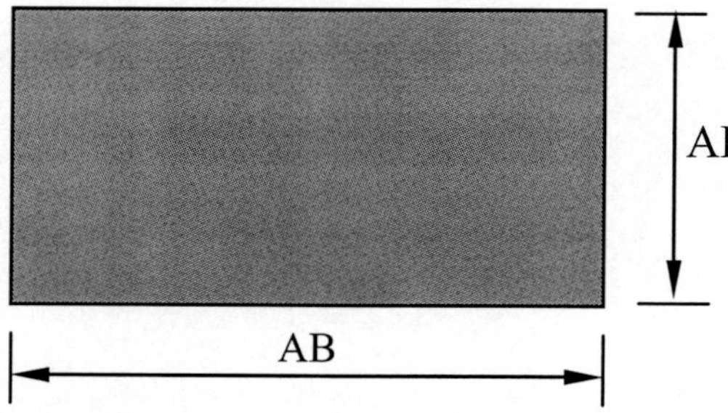

Esse é o número de ouro ϕ*.

$$\frac{AB}{AE} \approx 1{,}618034\ldots$$

*ϕ é o símbolo para uma letra grega maiúscula.

O retângulo de ouro é um objeto matemático que marca forte presença no domínio das artes, na arquitetura, na pintura, na publicidade e no projeto de produtos. Este fato não é uma simples coincidência já que muitos testes psicológicos demonstraram que o retângulo de ouro é de todos os retângulos, o mais agradável à vista. Até mesmo nas situações mais práticas do cotidiano, encontram-se aproximações do retângulo de ouro. O caso dos cartões de crédito, carteiras de identidade, carteiras de motorista, assim como a forma retangular da maior parte dos nossos livros, são exemplos de aplicações do retângulo de ouro.
Um retângulo de ouro tem a propriedade de: caso subdividido num quadrado e num retângulo, o novo retângulo é também de ouro. Repetido este processo infinitamente, e unidos os vértices dos quadrados gerados, obtém-se uma espiral a qual se dá o nome de espiral de ouro. A espiral de ouro é encontrada também na natureza, em algumas flores, caracóis e conchas. A espiral de ouro, que é logarítmica, é muito utilizada na prática em arquitetura e detalhes artísticos.

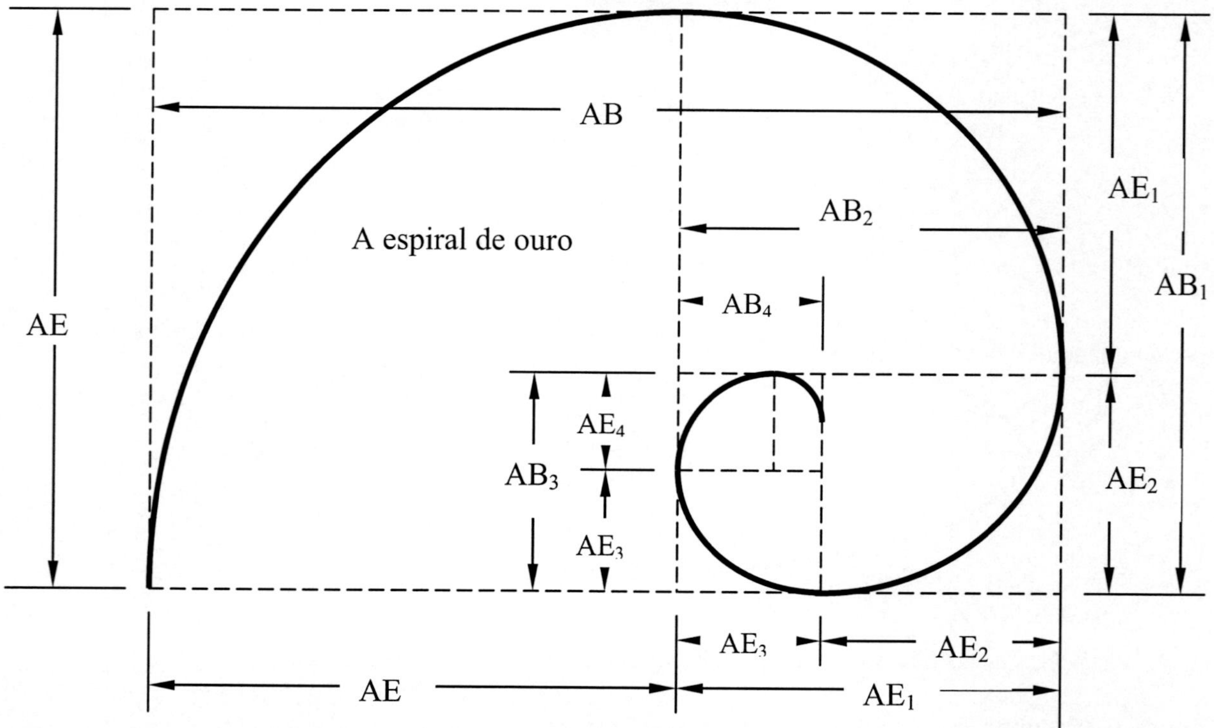

$$AB/AE = AB_1/AE_1 = AB_2/AE_2 = AB_3/AE_3 = AB_4/AE_4 = 1{,}618034\ldots$$

3.4.2 Falsas espirais de concordância

Como a espiral é uma linha curva que se desenrola num plano, de modo regular a partir de um ponto, dele afastando-se gradualmente, então as curvas espiraladas que se formam em relação a mais de um ponto são chamadas de falsas espirais ou espirais policêntricas (não são logarítmicas), como as descritas a seguir.

Espiral de dois centros

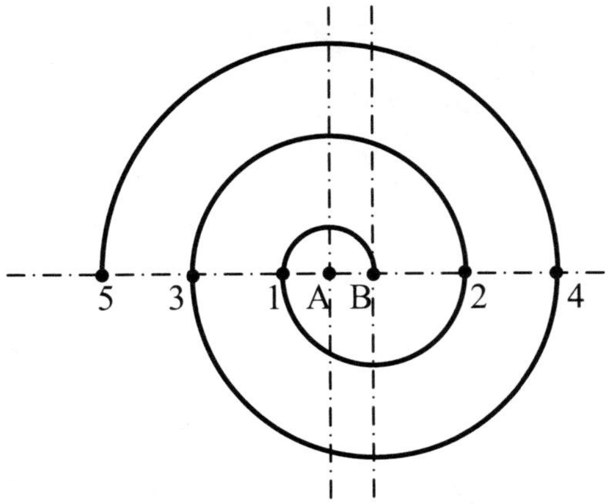

Raciocínio lógico geométrico:

1º Passo: traçar um eixo horizontal, marcando os pontos A e B, com distância qualquer (aqui foi marcado 1 cm). 2º Passo: com centro em A e raio AB, traçar arco, determinando ponto 1. 3º Passo: com centro em B e raio B1, traçar arco, determinando ponto 2. 4º Passo: com centro em A e raio A2, traçar arco, determinando ponto 3. 5º Passo: com centro em B e raio B3, traçar arco, determinando ponto 4 e 6º Passo: com centro em A e raio A4, traçar arco, determinando ponto 5. Este processo pode continuar indefinidamente, bastando apenas mudar de forma alternada os centro A ou B.

Os dois centros são os pontos A e B.

Espiral de três centros

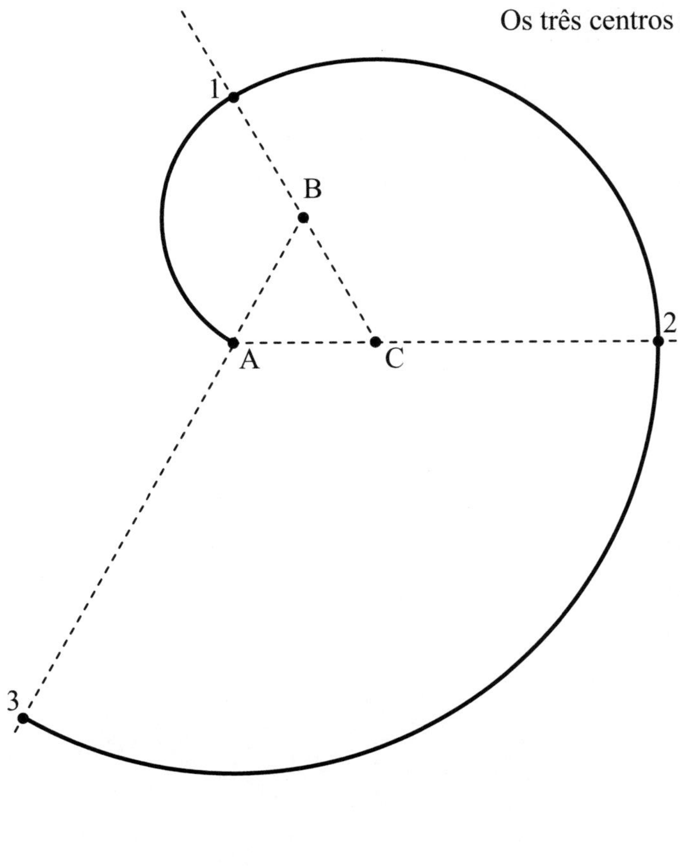

Os três centros são os vértices A, B e C.

Raciocínio lógico geométrico:

1º Passo: traçar um triângulo equilátero ABC de lado qualquer. 2º Passo: prolongar cada lado, como indicado. 3º Passo: com centro em B e raio BA, traçar raio no sentido horário, definindo o ponto 1. 4º Passo: com centro em C e raio C1, traçar raio no sentido horário, definindo o ponto 2. 5º Passo: com centro em A, traçar raio A2 no sentido horário, definindo o ponto 3.

É possível traçar esta falsa espiral no sentido anti-horário, bastando começar pelo vértice C.

3.5 A Arte geométrica de concordâncias e espirais

Capítulo 4

Os arcos: "asa de cesto", Romano, ogiva, gótico, Tudor, Otomano, Mourisco, ferradura, canopial, trilobado e lobulado. Arcos parabólico e hiperbólico. O arco capaz

Em matemática, arco é a porção compreendida entre dois pontos de uma curva qualquer. Em geral, na Educação Básica são estudados arcos de circunferência e citados arcos de elipse. Aqui, nesse capítulo, serão estudados alguns outros arcos, com interessantes construções geométricas e com usos práticos.
A unidade de medida de arco de circunferência do Sistema Internacional de Unidades (SI) é o radiano, mas existe outra medida muito utilizada, que é o grau.
Radiano: é a medida de um arco que tem o mesmo comprimento que o raio da circunferência na qual se está medindo o arco. Assim o arco tomado como unidade tem comprimento igual ao comprimento do raio ou um radiano, chamado de 1 rad. Grau: é a medida de um arco que corresponde a 1/360 do arco completo da circunferência na qual se está medindo o arco.

4.1 Arco tipo "asa de cesto"

Arco abatido ou arco de volta abatida ou arco asa de cesto é um tipo de arco, com no mínimo três centros, de forma mais achatada que o arco de uma circunferência, em que o valor da flecha é inferior à metade da largura do vão (ou seja, inferior ao raio de uma circunferência) formado pela concordância de vários arcos não concêntricos e sempre em número ímpar (geralmente 3, 5, 7 ou 9 centros). Com o aspecto semelhante a uma elipse cortada longitudinalmente, o seu achatamento será tanto maior quanto o número de curvas com centros diferentes a compô-lo. É um tipo de arco muito utilizado pela Arquitetura, especialmente em entrada de igrejas. Este tipo de arco começou a ser utilizado por volta de 1050. O termo "asa de cesto" vem do fato de alguns cestos de pães, especialmente os de grandes dimensões, terem, ainda hoje, esse tipo de "asa", por onde se pega o cesto. A seguir é mostrada a construção geométrica de um arco asa de cesto, com três centros.

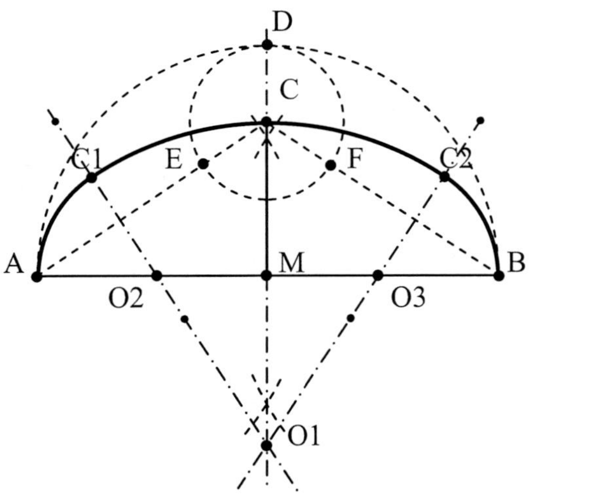

Observa-se que este arco se parece com uma elipse.

Raciocínio lógico geométrico:

1º Passo: definir as dimensões do eixo maior e da flecha (no caso: AB = 6 cm e CM = 2 cm). 2º Passo: traçar o eixo maior, a sua mediatriz, marcar ponto M e a flecha CM. 3º Passo: traçar os segmentos CA e CB. 4º Passo: traçar a semicircunferência de raio MA (3 cm), marcando o ponto D. 5º Passo: traçar a circunferência de raio CD (1 cm), marcando os pontos E e F. 6º Passo: traçar mediatrizes dos segmentos AE e BF, marcando os centros O1, O2 e O3. 7º Passo: com centro em O1 e raio O1C, traçar arco até encontrar as mediatrizes de AE e BF, determinando dois pontos de concordâncias C1 e C2. 8º Passo: com centro em O2 e raio O2A, traçar arco entre A e C1. 9º Passo: com centro em O3 e raio O3B, traçar arco entre B e C2 e 10º Passo: mostrar arco asa de cesto finalizado, sem as linhas de construções geométricas.

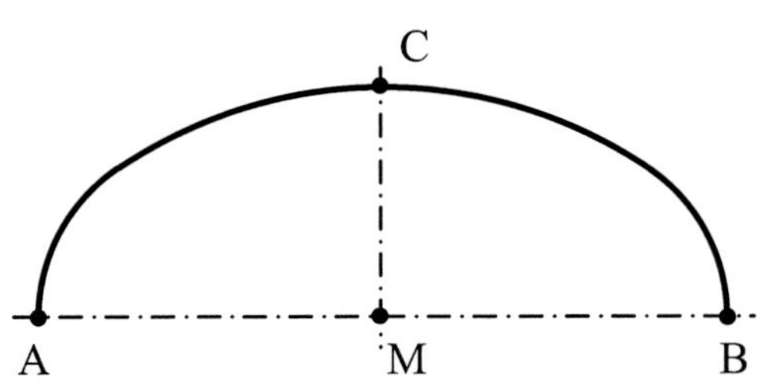

Um bom exemplo de arco tipo "asa de cesto" é encontrado no arco do Teles, na Praça XV de novembro, no Rio de Janeiro.

Arco "asa de cesto", de três centros, com eixo maior AB igual a 6 cm e flecha CM igual a 2 cm.

4.2 Principais tipos de arcos "arquitetônicos"

Arcos arquitetônicos são as linhas que compõem as aberturas de portas e janelas, ligando colunas e pilastras. Também são utilizados em abóbadas, especialmente as de igrejas. Existem diversos tipos de arcos arquitetônicos, dentre os quais: 1) arco aviajado; 2) arco romano ou pleno, semicircular ou de meio ponto; 3) arco tipo ogiva; 4) arco gótico; 5) arco "tudor"; 6) arco otomano; 7) arco mourisco e 8) arco denominado "ferradura".
Arcos arquitetônicos são utilizados desde antes de Cristo, sendo também muito comum nas construções romanas e na cultura mulçumana.

4.2.1 Arco aviajado

Também chamado de arco aviajado, arco botante e arco botaréu é um arco que não tem os seus extremos ou pontos de nascença sobre a mesma linha horizontal.
Traçar um arco aviajado unindo os pontos A e B, a seguir mostrados.

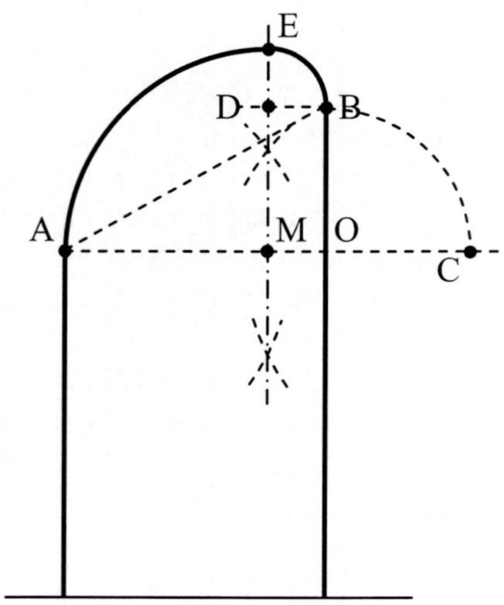

Raciocínio lógico geométrico:

1º Passo: traçar segmento de reta, unindo pontos A e B. 2º Passo: traçar perpendicular à reta que passa por A, prolongando para a direita, definindo o ponto O. 3º Passo: com raio OB, traçar arco para a direita, definindo o ponto C. 4º Passo: determinar a mediatriz do segmento AC, marcando ponto M. 5º Passo: pelos pontos M e B, traçar paralelas aos segementos OB e AO, cuja interseção determina o ponto D. 6º Passo: com centro em M, traçar arco de raio MA igual MD. 7º Passo: traçar arco de raio DB, para cima e para a esquerda, até o prolongamento da mediatriz de AC, determinando o ponto E. 8º Passo: com centro em M e raio MA igual a ME, traçar arco entre A e E, finalizando o arco aviajado AEB.

Aqui está um exemplo de um arco aviajado construído a partir de blocos de rocha. Cada bloco tem suas medidas, segundo ângulos centrais, a partir dos pontos C1 e C2. Neste exemplo, são os blocos 5, 6, 7, 8 e 9 que dão a sustentação ao arco.

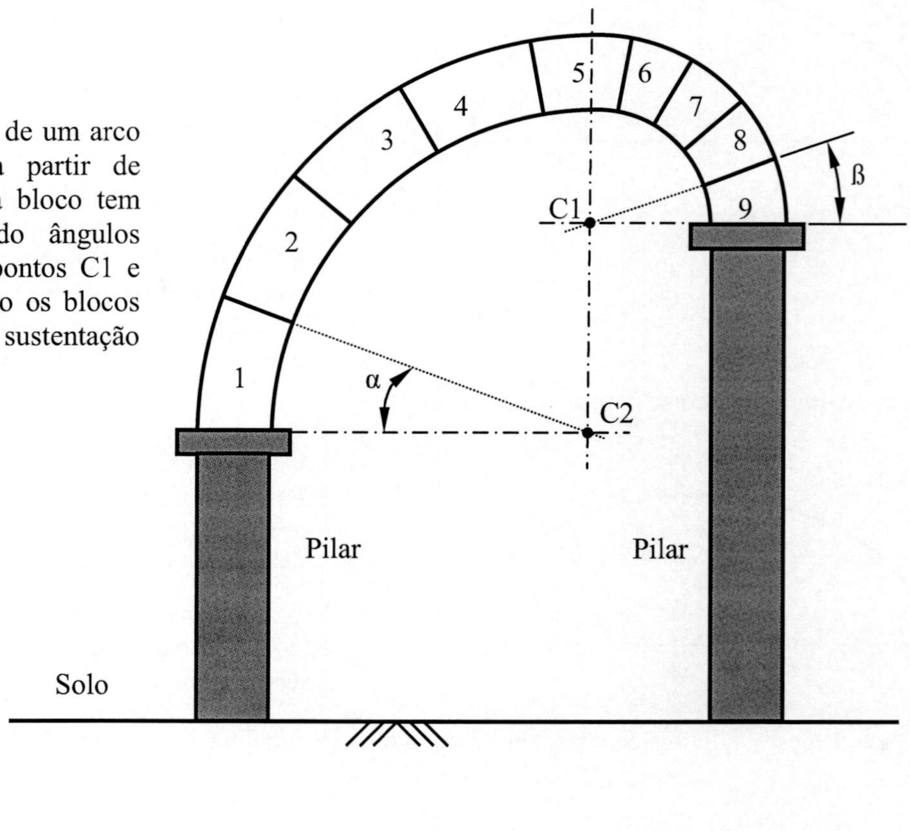

4.2.2 Arco Romano

Os arcos Romanos eram, normalmente, construídos a mando do Senado Romano em homenagem a algum general vitorioso em batalha ou a alguma conquista significante para Roma. Em alguns casos, eram erigidos após a morte de figuras importantes. Não só na Itália, mas também em diversos países europeus, que pertenceram ao Império Romano, existem arcos Romanos ainda hoje, ou seja, após mais de dois mil anos. De todos os exemplos, o mais emblemático, e conhecido, são os arcos Romanos que circundam o Coliseu em Roma, que foi construído no século I (cerca de 70 d.C.) e sua construção teve início no governo do imperador Titus Flavius Vespasianus (9 d.C.- 79 d.C.) e foi concluído quando Tito, ou melhor, Titus Flavius Caesar Vespasianus Augustus (39 d.C.- 81 d.C.) seu filho, estava no poder.
O arco Romano une dois pontos situados na mesma horizontal.

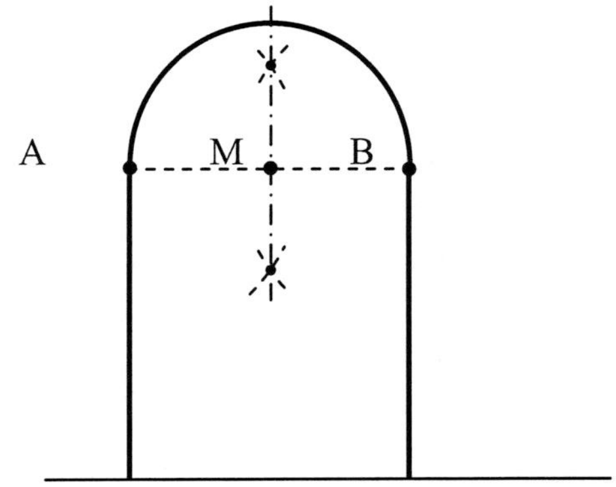

Raciocínio lógico geométrico:

1º Passo: unir os pontos A e B. 2º Passo: traçar a mediatriz de AB, determinando o ponto M e 3º Passo: com centro em M, traçar arco de raio MA igual a MB.

Os arcos são construídos com blocos denominados aduelas, sendo a do centro, número 7, chamada de chave, tendo um formato angular que proporciona um esforço de compressão que traz estabilidade ao todo. A última peça que se coloca na construção de um arco Romano é a chave.

Pé direito, flecha, luz, chave, arranque, etc. são termos de Arquitetura usados para os arcos em geral. Hoje em dia os arcos são construídos em concreto armado e, não mais em blocos de rocha. Concreto armado é composto de cimento, areia, brita e vergalhões de ferro.

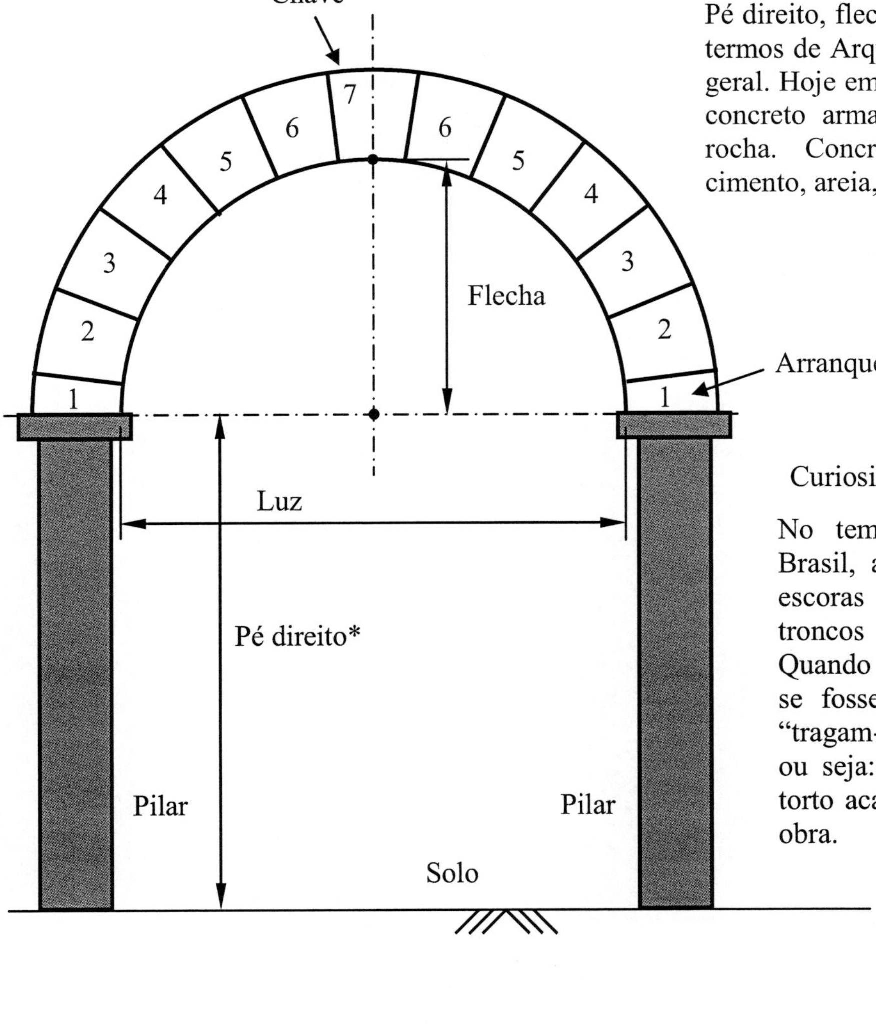

Curiosidade sobre o termo: "Pé direito"

No tempo do domínio português no Brasil, ao se fazer uma construção, as escoras de madeira eram obtidas de troncos de árvores cortadas das matas. Quando o mestre de obra ordenava que se fosse buscar os troncos, ele dizia: "tragam-me" um pé (de árvore) bem reto, ou seja: "um pé direito", pois se fosse torto acabava por quebrar e prejudicar a obra.

4.2.3 Arco tipo ogiva ou ogival

A ogiva é uma forma determinada por dois arcos, comumente simétricos, que se cortam em ângulo. A palavra ogiva começou a ser usada no século XV (1401 a 1500) para designar um arco que define um ângulo curvilíneo. A ogiva geométrica admite algumas variações, em função do seu uso e efeito visual que se deseja. O arco ogival, apesar de ser geometricamente mais difícil de projetar, no caso dos arcos construídos em blocos de rocha, permitiu construir catedrais e demais monumentos cada vez mais altos, uma vez que seu formato distribui melhor as forças, tornando-se mais fácil de suportar o peso da construção.
Existem diversas construções, ao redor do mundo, especialmente de igrejas e aquedutos, que utilizam arcos ogivais. Um dos exemplos mais marcantes são os arcos da Catedral de Notre Dame, em Paris, na França. Durante obras de restauração, a catedral pegou fogo em 15 de abril de 2019, já que grande parte de sua estrutura era em madeira.

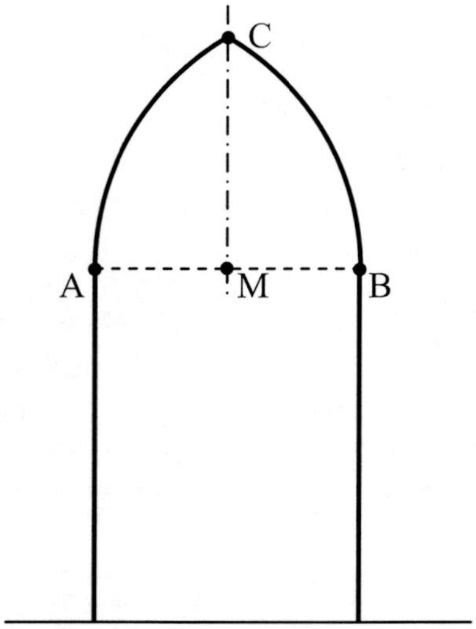

Raciocínio lógico geométrico:

1º Passo: unir pontos A e B. 2º Passo: traçar mediatriz de Ab, determinando ponto M. 3º Passo: com centro em A e raio AB, traçar arco para cima até encontrar a linha da mediatriz, determinando o ponto C e 4º Passo: com centro em B e raio BA, traçar arco para cima, até o ponto C.

*O último bloco, chamado Chave tem arredondamentos, tanto na parte externa, quanto na interna, para manter a estética e integridade estrutural.

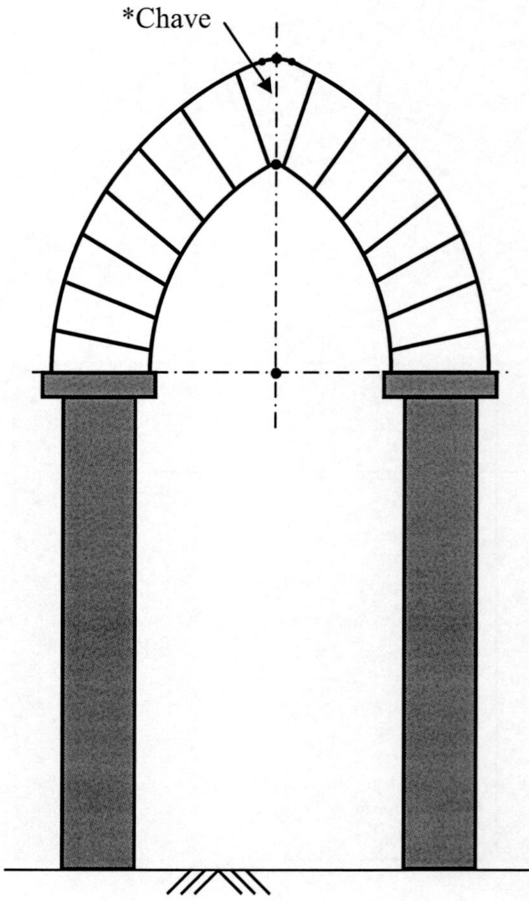

4.2.4 Arco gótico

Arquitetura gótica é um estilo arquitetônico caracterizado por formas estruturais e expressivas particulares, sendo uma evolução da arquitetura românica. Esse estilo teve início no norte da França entre os anos 1050 e 1100, embora a Catedral de Dublim, na Irlanda, fundada no ano 1030, já possa ser classificada como pré-gótica. O termo "gótico" só apareceu no século XVII (1601 a 1700) sendo uma em referência aos godos, povo bárbaro germano (ou alemão).

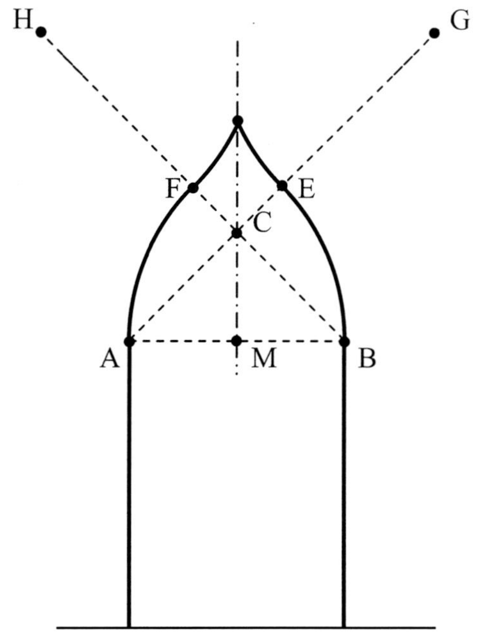

Raciocínio lógico geométrico:

1º Passo: unir pontos A e B. 2º Passo: traçar mediatriz de AB, determinando ponto M. 3º Passo: marcar o segmento MC, igual a MA e MB, definindo um triângulo isósceles ABC, com seus lados AC e BC alongados para cima. 4º Passo: com centro em A e raio AB, traçar um arco para cima, até encontrar o prolongamento do lado BC, definindo o ponto E. 5º Passo: com centro em B e raio BA, traçar um arco para cima, até encontrar o prolongamento do lado AC, definindo o ponto F. 6º Passo: com centro em E e raio AB, definir o ponto G, sobre o segmento AE. 7º Passo: com centro em F e raio AB, definir o ponto H, sobre o segmento BF. 8º Passo: com centro em G e raio GE, traçar arco até encontrar o prolongamento do segmento MC, definindo o ponto I. 9º Passo: com centro em H e raio HF, traçar arco até encontrar o prolongamento do segmento MC, no ponto I e terminando de traçar o arco gótico.

4.2.5 Arco Tudor

Arco Tudor foi um elemento arquitetônico comum no período Tudor, na Inglaterra, e refere-se a um período compreendido entre 1485 e 1603 durante o reinado da casa real Tudor, de origem galesa. É um arco em ponta achatado, normalmente com quatro núcleos, tendo uma forma elíptica baixa. O desenho do arco Tudor, também chamado de arco semicircular, pode suportar grandes pesos, sendo utilizado em muitas janelas de castelos ingleses.

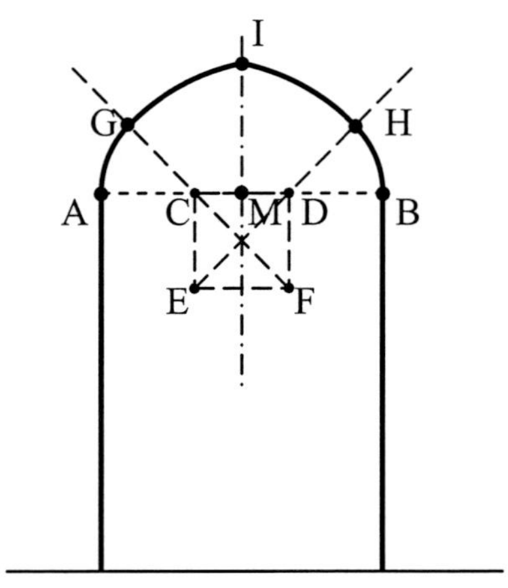

Raciocínio lógico geométrico:

1º Passo: unir pontos A e B. 2º Passo: traçar mediatriz de AB, determinando ponto M. 3º Passo: dividir segmento AB em três partes iguais, definindo os pontos C e D. 4º Passo: desenhar um quadrado CDEF, para baixo do segmento AB. 5º Passo: traçar as duas diagonais do quadrado, prolongando-as para cima. 6º Passo: com centro em C e raio CA, traçar arco para cima, até encontrar a diagonal FC, determinando o ponto G. 7º Passo: com centro em D e raio DB, traçar arco para cima, até encontrar a diagonal ED, determinando o ponto H. 8º Passo: com centro em F e raio FG, traçar arco para a direita, até encontrar o prolongamento da linha mediatriz, definindo o ponto I e 9º Passo: com centro em E e raio EH, traçar arco para a esquerda, até encontrar o prolongamento da linha mediatriz, definindo no ponto I e terminando o arco Tudor.

4.2.6 Arco Otomano

O termo otomano vem do nome Ottoman ou Osman I (1258-1326), um guerreiro muçulmano que liderou grandes conquistas contra o Império Romano, tendo em 1300 consolidado seu domínio sobre grandes regiões da Ásia Menor (atuais: Turquia, Armênia e Curdistão). O Império Otomano foi um dos mais longos da história, tendo durado de 1299 a 1923. Também foi um extenso Império, abrangendo partes do Leste e Sul da Europa, Norte da África, Oriente Médio e parte do Sudeste Asiático. Por ser de origem muçulmana, este Império teve grande influência da arquitetura árabe, tendo originado belas construções, dentre as quais o arco otomano, a seguir descrito.

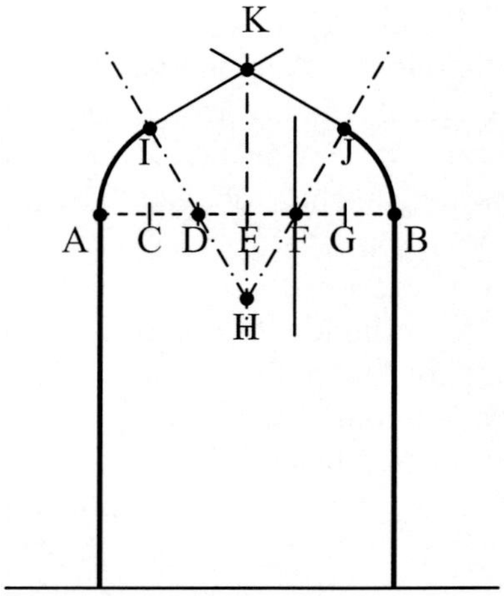

Raciocínio lógico geométrico:

1º Passo: unir pontos A e B. 2º Passo: dividir segmento AB em seis partes iguais. 3º Passo: desenhar o triângulo equilátero DFH, prolongando os lados HD e HF para cima. 4º Passo: com centro em D e raio DA, traçar arco para cima e para a direita, determinando o ponto I, no prolongamento do vértice HD. 5º Passo: com centro em F e raio FB, traçar arco para cima e para a esquerda, determinando o ponto J, no prolongamento do vértice HD. 6º Passo: traçar perpendiculares a HI e HJ, para cima, determinando o ponto K, finalizando o arco Otomano.

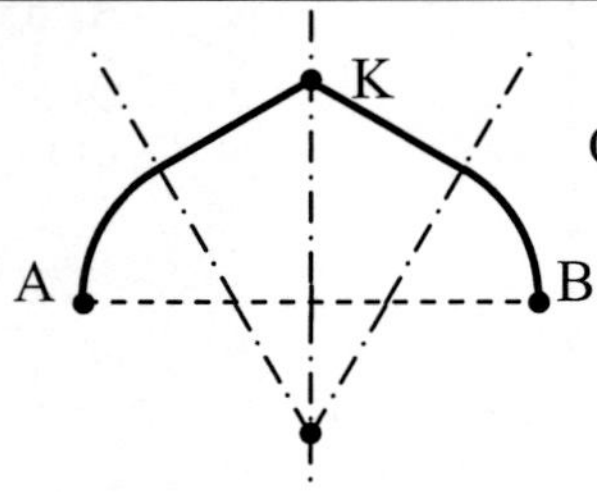

O arco Otomano finalizado.

4.2.7 Arco Mourisco

O termo Mourisco vem de Mouro, uma forma como os ibéricos se referem aos mulçumanos. No início do século VIII (701 a 800), os árabes formaram o califado na Espanha, que no século XIII (1201 a 1300) foi reduzido a um minúsculo emirado de Granada, Espanha, e caiu em 1492. A proximidade direta com o Ocidente cristão, os confrontos contínuos entre mouros e cristãos, as características físicas da Península Ibérica, a fertilidade de seu solo, ganhos climáticos e em condições gerais que permitiram aos mouros espanhóis viver uma vida extraordinariamente diferente de suas vidas. Com muita influência de outros povos, também mulçumanos, tiveram um grande desenvolvimento nas artes, em especial na arquitetura, incluindo o tipo de arco a seguir descrito.

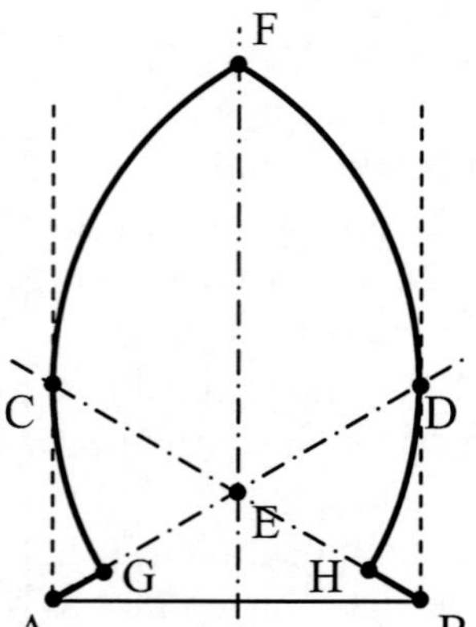

Arco Mourisco finalizado

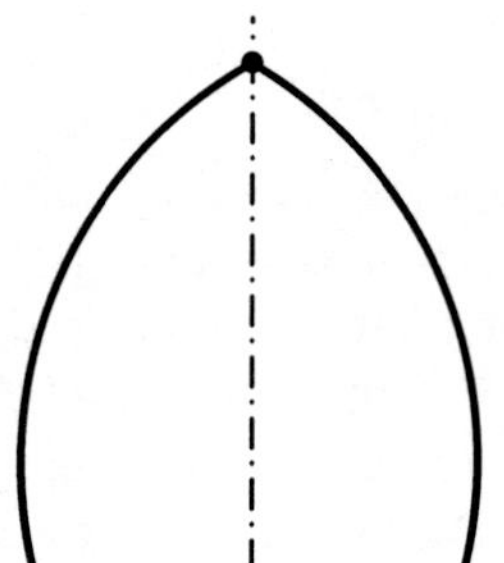

Raciocínio lógico geométrico:

1º Passo: unir pontos A e B, traçando sua mediatriz para cima. 2º Passo: por A e B, traçar perpendiculares a AB, para cima. 3º Passo: por A e B, traçar ângulos de 30º para cima e para direita e esquerda, determinando os pontos C e D, nas interseções com as perpendiculares. 4º Passo: com centro em C e raio CD, traçar arco para cima, entre o segmento BC e a linha da mediatriz de AB, determinando o ponto F. 5º Passo: nos vértices do triângulo ABE, marcar pontos G e H, finalizando o arco Mourisco.

4.2.8 Arco tipo ferradura

É um tipo de arco semicircular que surgiu no século V (401 a 500), já no final do Império Romano, tendo sido muito utilizado na arquitetura visigótica, hispânica e Mourisca. Embora os arcos de ferradura já eram conhecidos e utilizados na Síria pré-islâmica, foi na Espanha e no norte da África que os arcos de ferradura desenvolveram sua forma característica. Antes da invasão muçulmana da Espanha, no ano de 711, os visigodos os usavam como uma de suas principais características arquitetônicas, que podem ter sidos originários do período Romano. Algumas lápides desse período foram encontradas no norte da Espanha com arcos de ferradura, com especulações sobre uma tradição celta local pré-romana. Por exemplo, a curvatura do arco tipo ferradura pode ser vista em larga escala em sua principal obra, a Grande Mesquita de Córdoba, na Espanha.

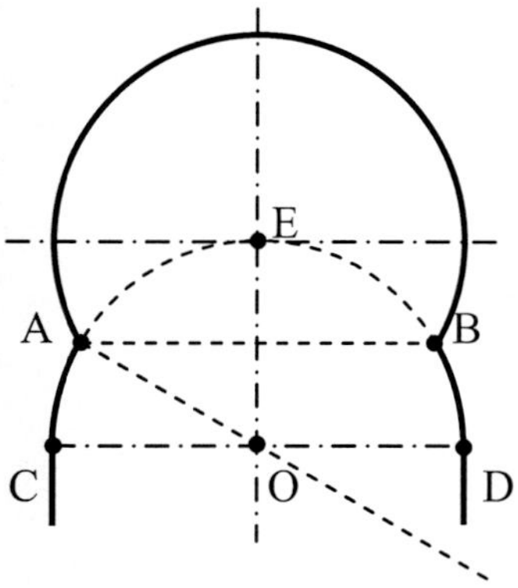

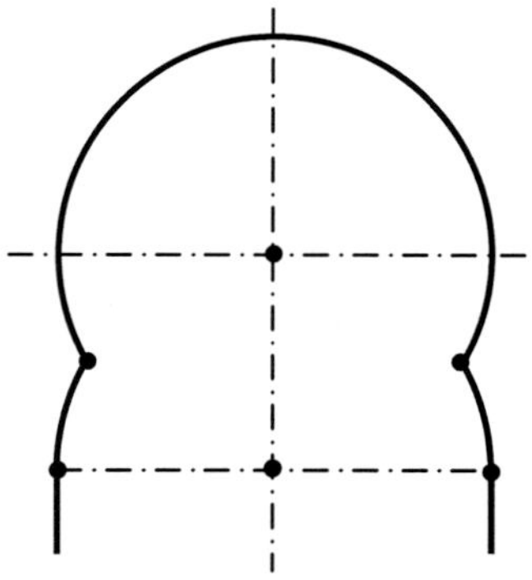

Arco ferradura finalizado

Raciocínio lógico geométrico:

1º Passo: unir pontos A e B, traçando sua mediatriz para cima e para baixo. 2º Passo: a partir do ponto A, traçar um ângulo de 30º, para baixo e para a direita, determinando o ponto O, onde interceptar a linha da mediatriz. 3º Passo: com centro em O e raio OA, traçar a semicircunferência, cujo diâmetro é o segmento CD e corta a mediatriz no ponto E. Os trechos AC e BD fazem parte da ferradura. 4º Passo: com centro em E e raio EA igual a EB, traçar o trecho final da ferradura.

4.2.9 "Falso" arco semielíptico isométrico (um arco a partir de um losango)

O arco a seguir detalhado será estudado no capítulo 5, sendo uma representação de uma circunferência em perspectiva isométrica.

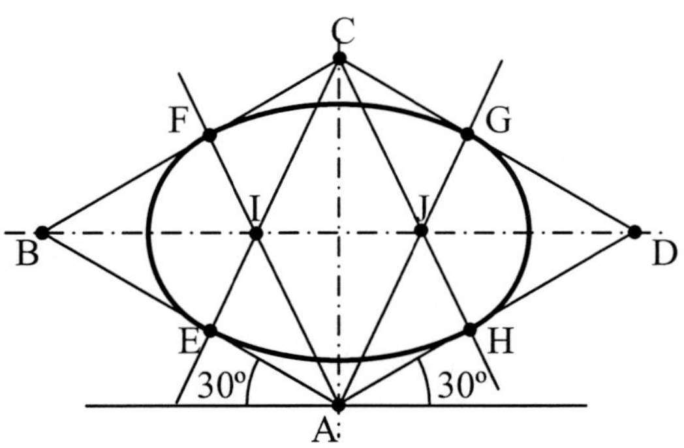

Raciocínio lógico geométrico:

1º Passo: a partir do ponto A, traçar para cima, segmentos, por exemplo de 3 cm, com ângulos de 30º, para a direita e para a esquerda, marcando os pontos B e D. 2º Passo: traçar paralelas aos segmentos AB e AD, fechando o losango ABCD. 3º Passo: marcar os pontos médios dos lados do losango, definindo os pontos E, F, G e H. 4º Passo: traçar segmentos AF, AG, CE e CH, definindo os centros A, C, I e J. 5º Passo: com centro em I e raio IE = IF, centro em J e raio JG = JH, centro em A e raio AF = AG e centro em C e raio CE = CH, traço os arcos nos pontos de concordância: E, F, G e H, finalizando o arco.

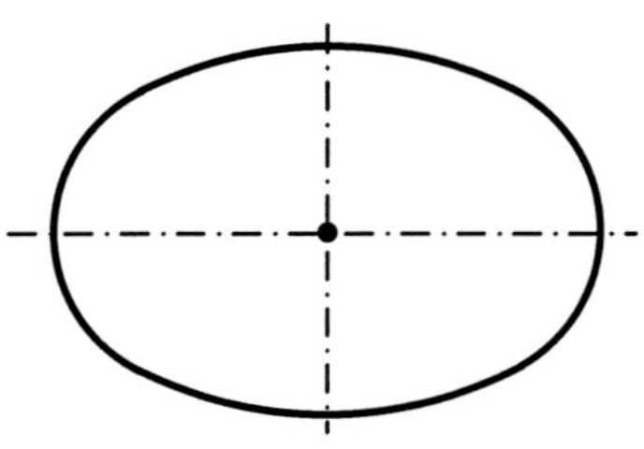

Esta é a "falsa" elipse gerada.

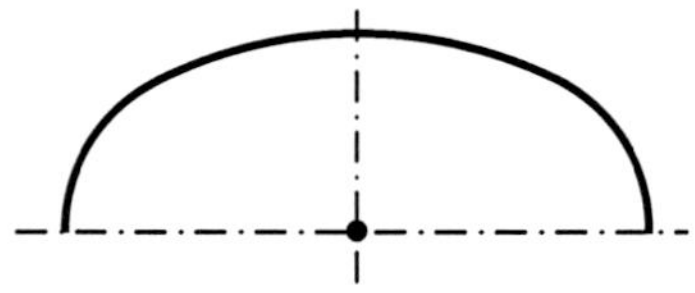

Este é o "falso" arco semielíptico gerado.

4.2.10 Arco tipo canopial ou gótico flamejante

É formado com a concordância de quatro arcos de circunferência, como conceitualmente mostrado a seguir.

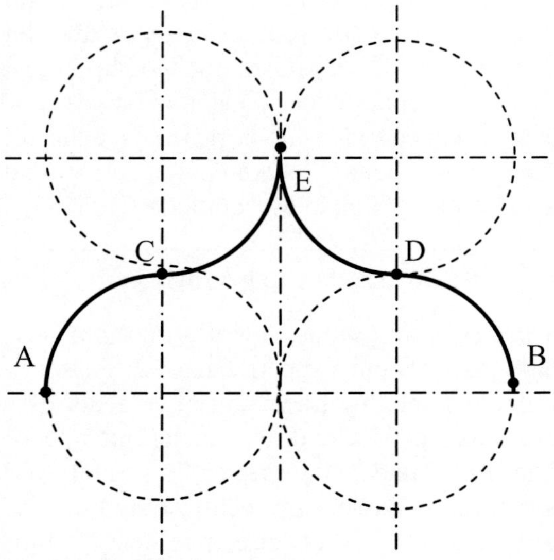

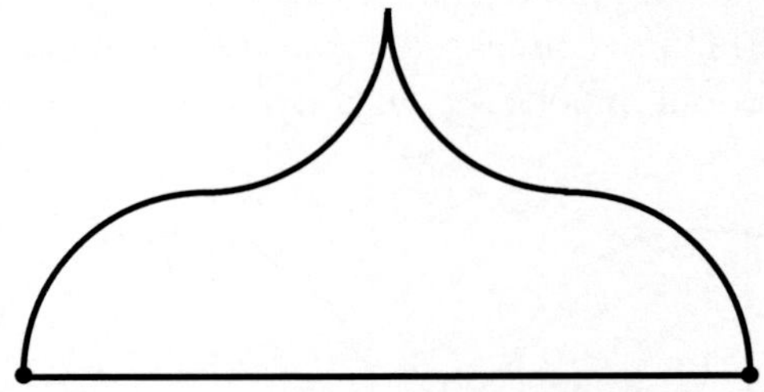

As quatro circunferências têm o mesmo diâmetro.

4.2.11 Arco tipo trilobado

É formado com a interseção e concordância de três arcos de circunferências, como conceitualmente mostrado a seguir.

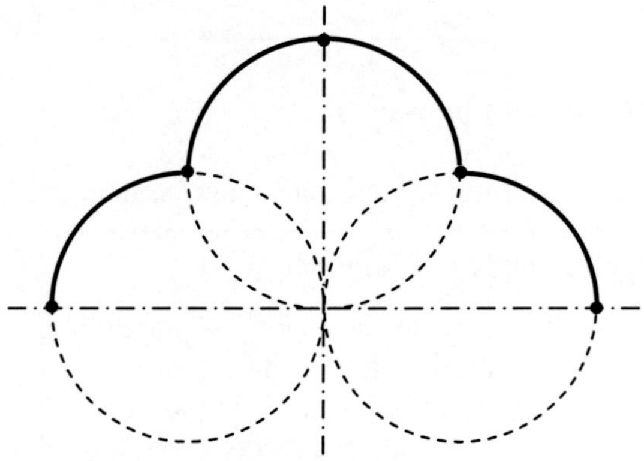

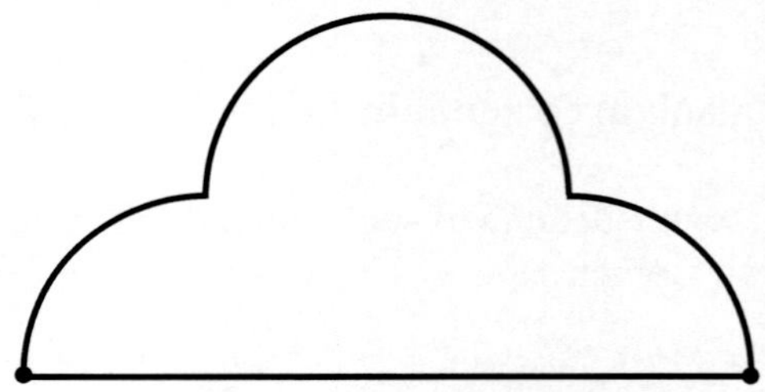

As três circunferências têm o mesmo diâmetro.

4.2.12 Arco tipo lobulado

É formado pela concordância de cinco arcos de circunferências, como mostrado a seguir.

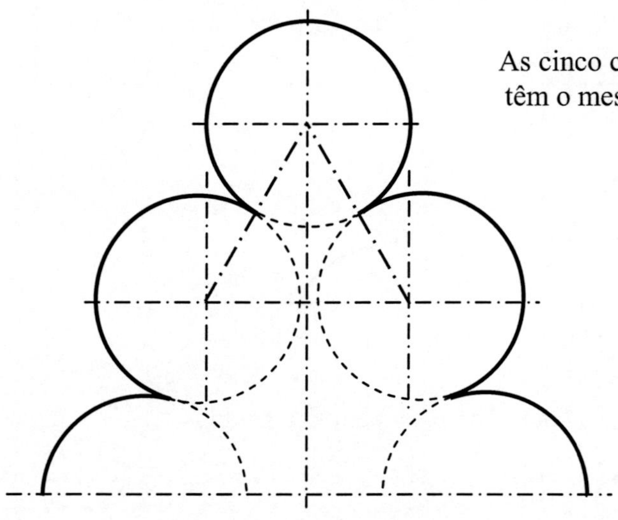

As cinco circunferências têm o mesmo diâmetro.

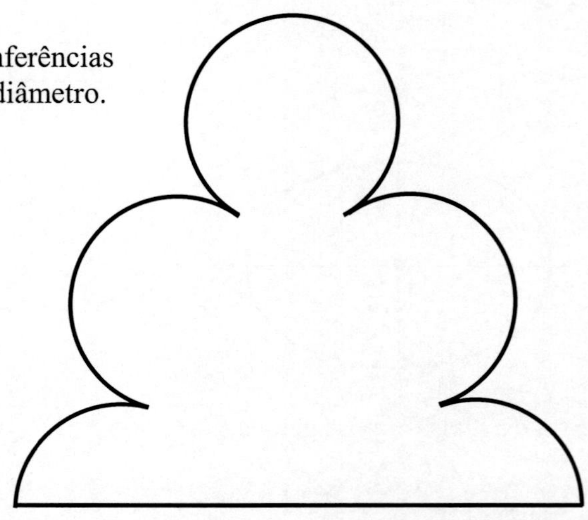

4.2.13 Arcos parabólicos e hiperbólicos

Parábolas e hipérboles, bem como elipses e circunferências são curvas oriundas de uma superfície cônica, como a seguir mostrada.

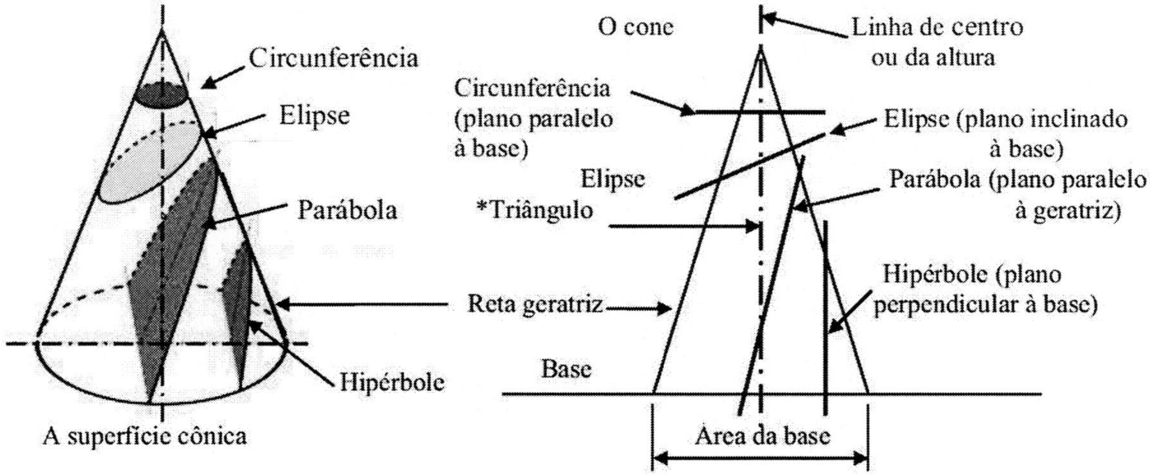

Exemplo de entrada de túnel com arco parabólico

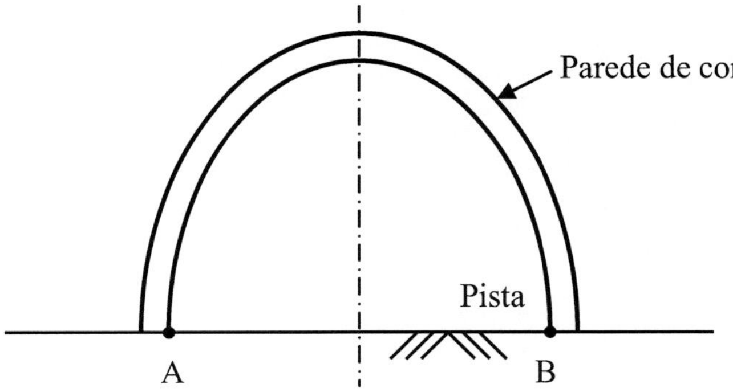

Cada parábola tem a sua equação, sendo estudada no Ensino Médio, na área da Geometria Analítica.

Exemplo de um pontilhão sobre um rio, utilizando um arco hiperbólico

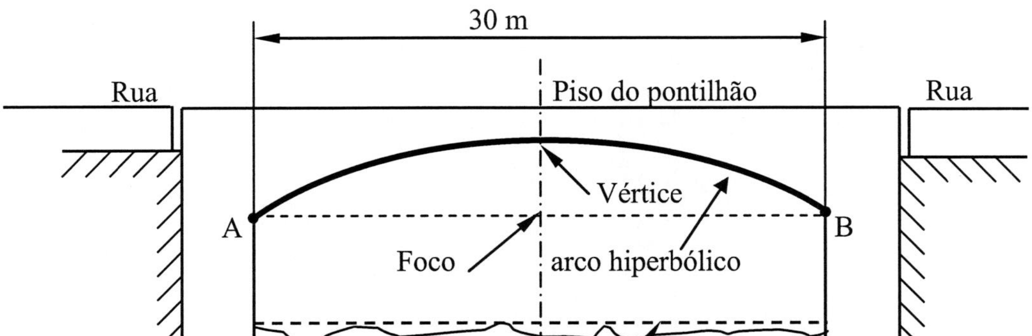

4.3 O arco capaz

Pode ser definido como: “o lugar geométrico do conjunto de pontos de um plano capaz de ver um segmento sob um determinado ângulo α constante”. Também pode ser definido da seguinte forma: “dado um segmento de reta AB e um ângulo α, arco capaz de α, em relação a AB, é o lugar geométrico dos pontos sob os quais se vê o segmento AB, segundo o ângulo α”.
Em realidade, tem-se um par de arcos simétricos em relação ao segmento. O conceito ou fundamentação teórico geométrica do arco capaz é que todos os ângulos inscritos numa circunferência, que definem um mesmo arco, são iguais e valem metade da medida do arco considerado.

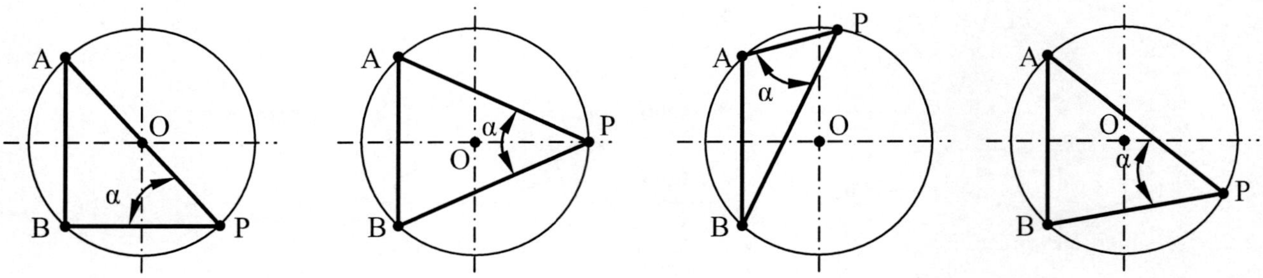

Para o mesmo segmento AB, de qualquer lugar da circunferência, o ponto P forma (vê) o mesmo ângulo α.

Ângulo ß inscrito numa circunferência é o ângulo formado a partir do arco, mas com vértice sobre a circunferência. Seu valor corresponde à metade do ângulo central (α).

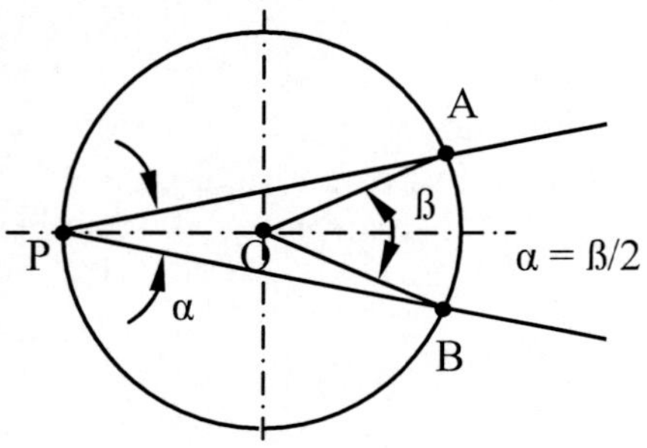

Aplicação:

Todo triângulo retângulo pode ser inscrito numa circunferência, onde a hipotenusa é o diâmetro. O ângulo inscrito é o de 90º e AB é o arco capaz.

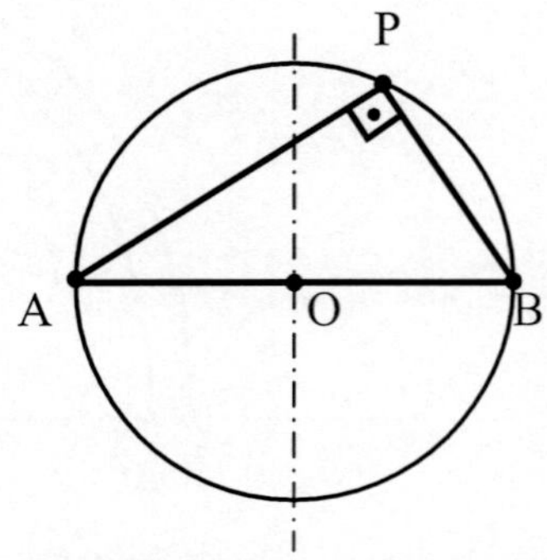

Também se pode afirmar que, em todo triângulo retângulo, a mediana relativa à hipotenusa vale a metade dessa hipotenusa. Observe-se o segmento OB: é uma das medianas do triângulo ABD, bem como o raio da circunferência e, portanto, metade da hipotenusa.

Todos os ângulos inscritos (ß) de uma circunferência, sob o mesmo ângulo central (α) são iguais.

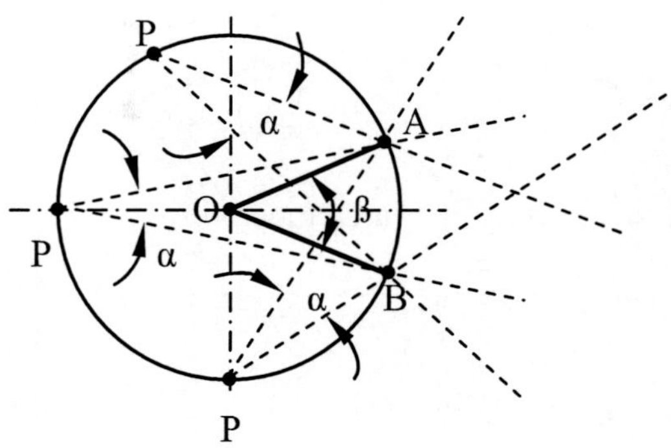

Para um mesmo ângulo central ß, todos os ângulos inscritos α são iguais.

Exercício 4.3.1) Determinar o arco capaz de ver um segmento AB, sob um ângulo de 37º.

O arco está sob um ângulo central de 74º, pois o ângulo do arco capaz é a metade do ângulo central.

4.4 O par de arcos capazes

Como o próprio nome cita, trata-se de se "ver" um segmento AB sob determinado ângulo inscrito, sendo esse segmento AB, comum a duas circunferências de mesmo diâmetro, como a seguir mostrado.

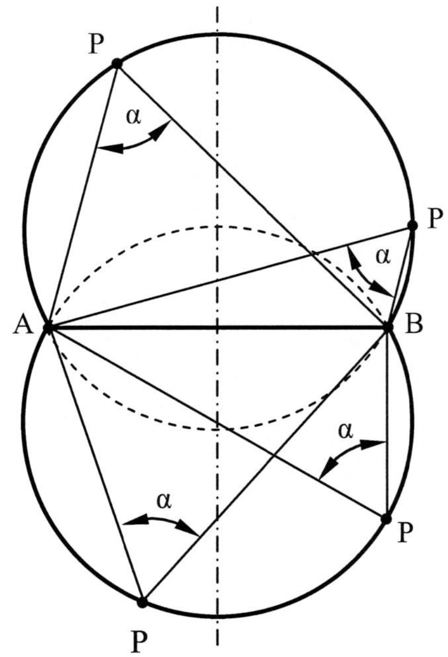

A corda AB, comum às duas circunferências de mesmo diâmetro "é capaz" de ser visualizada, por qualquer ponto P, em quaisquer das circunferências, sempre sob o mesmo ângulo α.
Por óbvio só os pontos A e B, da corda, não têm essa propriedade.

Exercício 4.4.1) A partir do ângulo α igual a 75º, traçar a circunferência de onde qualquer ponto na sua linha verá o segmento AB de 3 cm, sempre sob o ângulo de 75º.

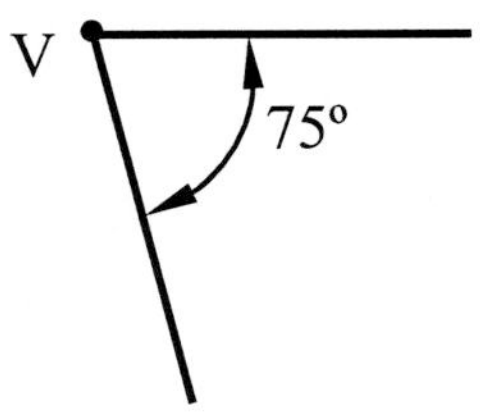

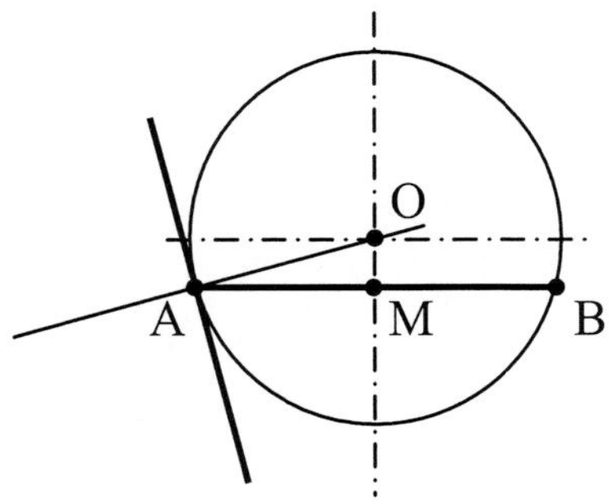

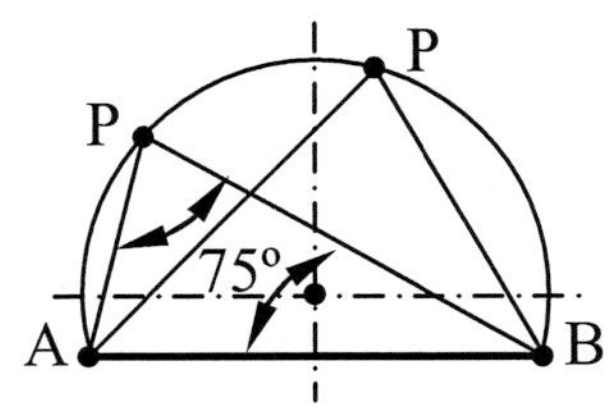

De qualquer ponto P sobre a circunferência se vê (se é capaz) o segmento AB sob um ângulo de 75º.

1º Passo: transporto o ângulo de 75º para o ponto A, prolongando o lado transportado para cima. 2º Passo: traçar uma perpendicular ao lado, passando pelo ponto A. 3º Passo: traçar a mediatriz de M do segmento AB. 4º Passo: a mediatriz intercepta a perpendicular ao lado do ângulo, no ponto O, sendo o raio da circunferência do arco capaz e 5º Passo: com centro em O e raio OA igual a OB traço a circunferência.

Exercício 4.3.2) Desenhar o par de arcos capazes de ver o segmento AB de 3 cm, na posição mostrada, segundo um ângulo de 120º.

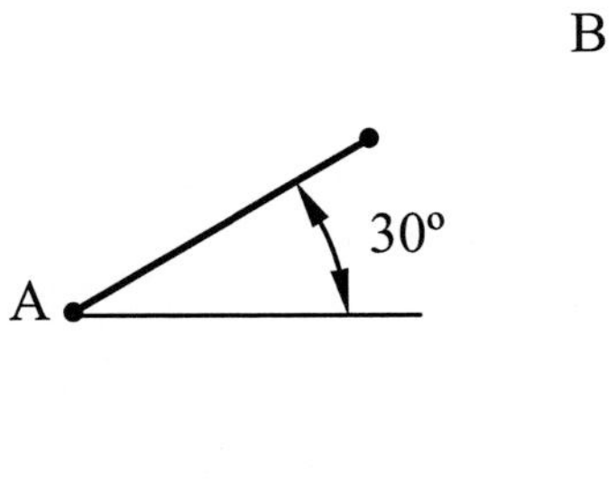

1º Passo: pelo ponto A, traçar um ângulo de 60º.

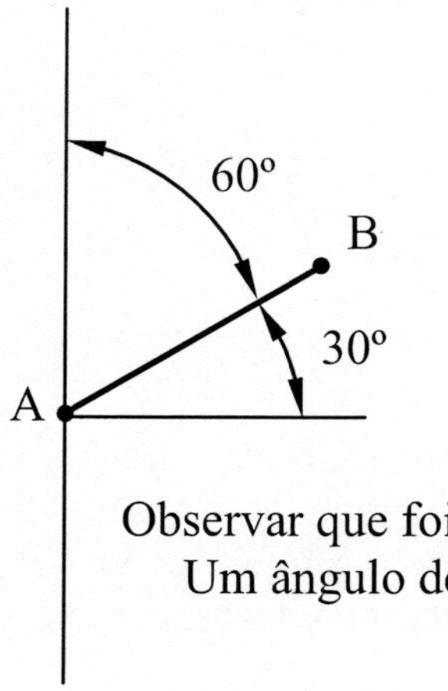

2º Passo: traçar a mediatriz de AB.

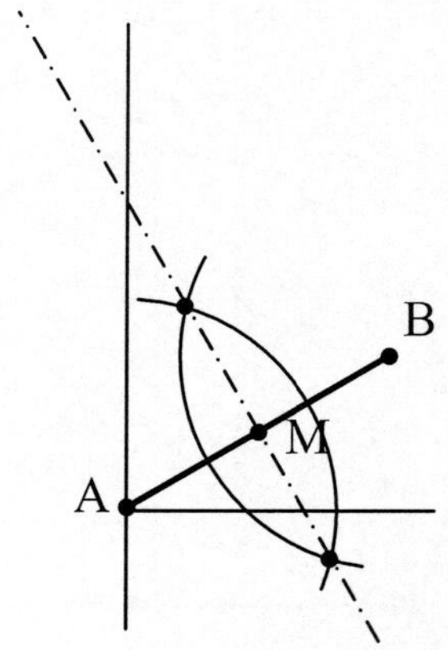

3º Passo: onde a linha da mediatriz intercepta a linha que faz 60º com o segmento AB, é o ponto onde se localiza o centro O1 deum dos arcos capazes.

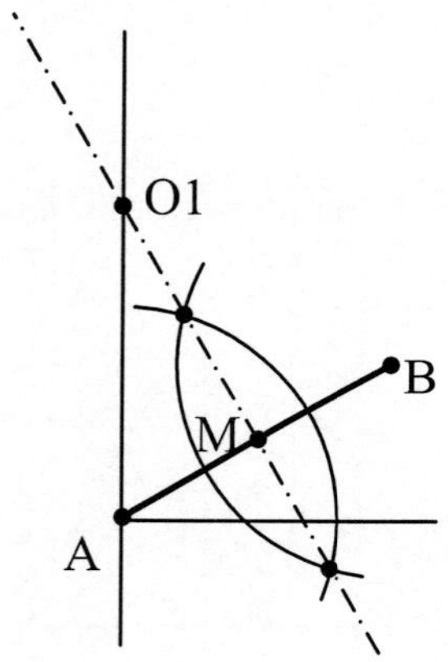

4º Passo: com centro em O e raio OA igual a OB, traço o arco capaz superior.

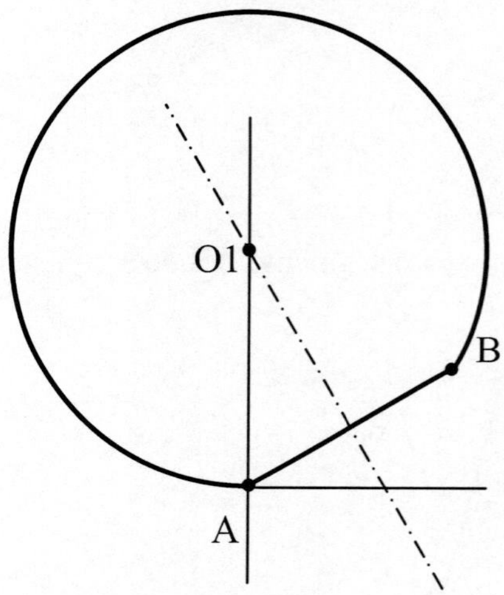

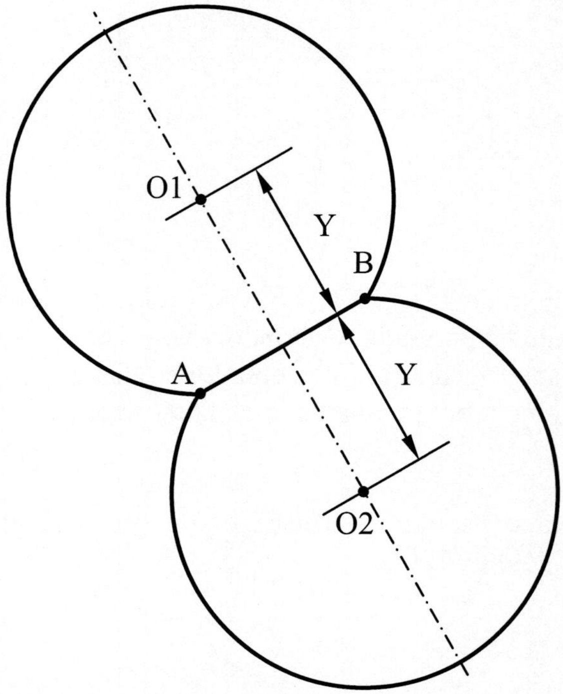

5º Passo: o par de arcos capazes finalizados.

Capítulo 5

Introdução às perspectivas e às projeções cilíndricas ortogonais

Introdução

A Geometria Descritiva, também chamada de Geometria Mongeana ou método de Monge ou Geometria Espacial, é um ramo da Matemática que tem como objetivo representar objetos do espaço tridimensional ou R_3 no espaço ou plano bidimensional R^2. Esse método foi desenvolvido pelo filósofo e matemático francês Gaspard Monge (1746-1818) e teve grande impacto no desenvolvimento tecnológico industrial, principalmente na engenharia mecânica militar, sendo considerada como a base conceitual do desenho técnico projetivo. Sabe-se que, a 1ª Revolução Industrial, que ocorreu entre 1780 e 1860, foi muito beneficiada pelo desenvolvimento dos primeiros desenhos técnicos projetivos, com base nos conceitos da Geometria Descritiva. Mesmo os atuais modernos programas de representação gráfica, inclusive com imagens tridimensionais que se movimentam, usam os conceitos básicos da Geometria Descritiva criados por Monge há mais de 200 anos.

5.1 O conceito de projeções

A Geometria Descritiva usa um sistema de projeção cilíndrica ou paralela e ortogonal, ou seja, como pertencentes a um cilindro e fazendo 90^0 com o plano de projeção. As primeiras ideias de projeção de uma figura sobre um plano, muito provavelmente se originaram da observação da projeção da sombra de uma árvore devido à luz do sol. As primeiras projeções eram cônicas (também chamadas de projeções centrais), exatamente como o olho humano vê as coisas. Isto pode ser confirmado quando se está em um grande corredor ou quando se olha um longo trilho de uma ferrovia. A sensação que se tem é que as linhas se encontram, quando não verdade são paralelas, ou seja, a distância entre os trilhos é constante. Na sequência pensou-se na projeção cilíndrica ou paralela oblíqua, ou seja, inclinada em relação ao plano de projeção, e posteriormente na projeção cilíndrica ou paralela ortogonal ou o método mongeano. As figuras a seguir ilustram estes detalhes.

Projeção cônica ou central

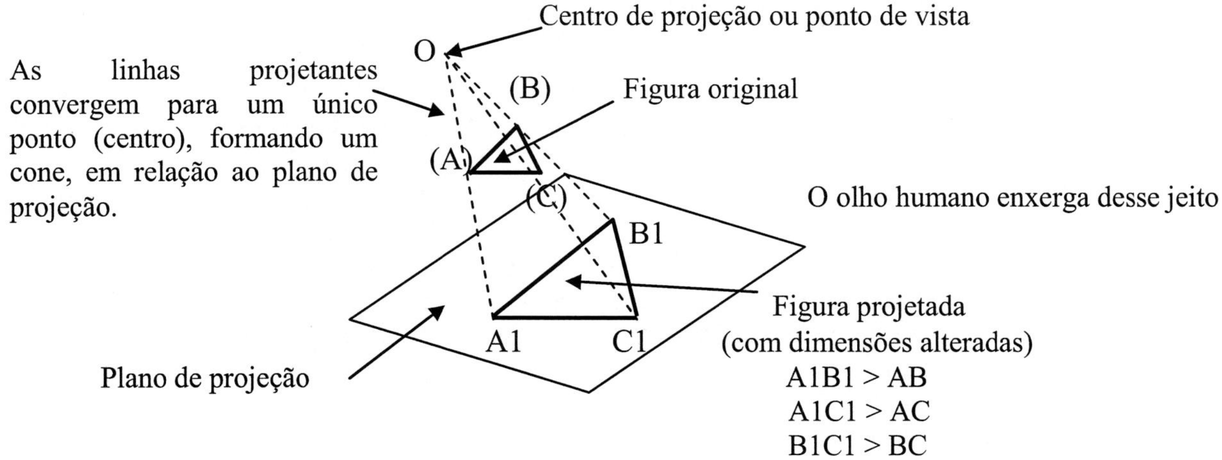

Projeção cilíndrica ou paralela oblíqua

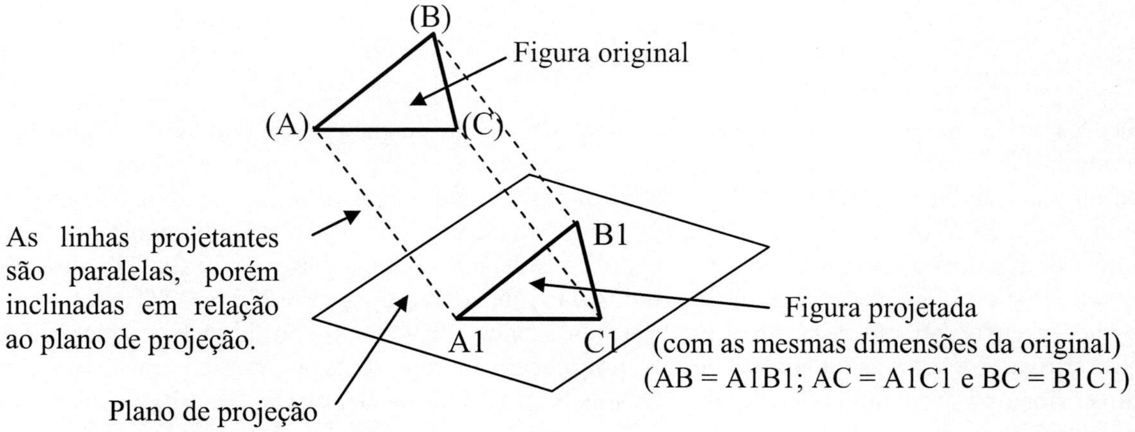

Projeção cilíndrica ou paralela ortogonal (base do método mongeano)

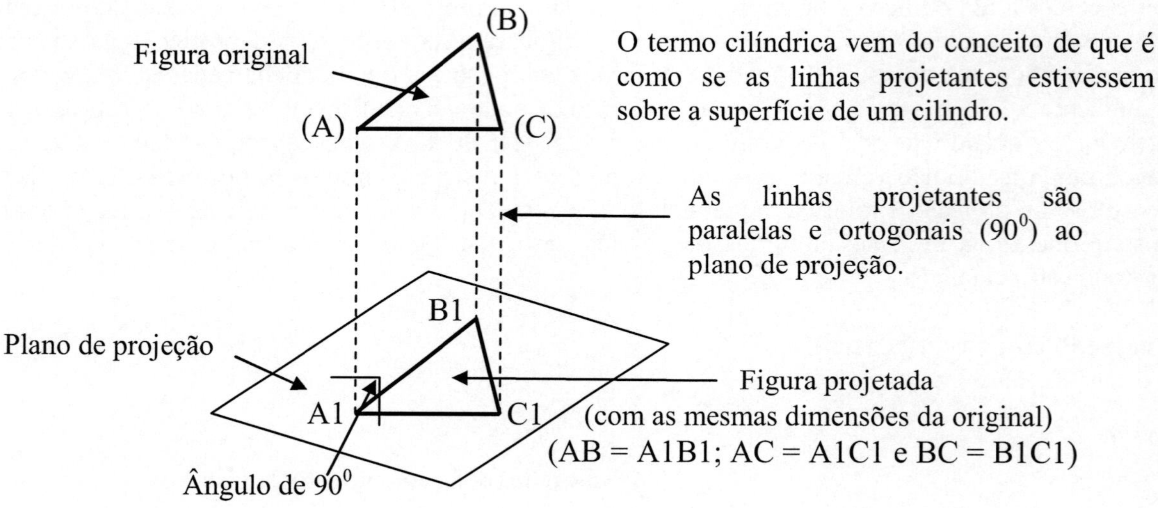

5.2 As projeções cilíndricas ortogonais, em dois planos: o método de Gaspard Monge

Em 1795 Gaspard Monge, aos 49 anos de idade, criou um método baseado na dupla projeção ortogonal de um objeto tridimensional. Estas duas projeções, chamadas de vista de cima ou superior ou planta e a vista de frente ou frontal ou anterior, representadas em dois planos ortogonais ou perpendiculares, passaram a ser representadas em um único plano, através de um rebatimento, gerando o que se chama em Geometria Descritiva de Épura, sendo a base conceitual do desenho técnico projetivo. Como será visto a seguir, o plano horizontal é simbolizado pela letra grega π, e o vertical por π'.

Embora Monge tenha feito seus estudos representado apenas uma reta, a figura da próxima página foi a ideia inicial de Gaspard Monge, com projeções em dois planos ortogonais, no espaço.

Representação Espacial da concepção original de Gaspard Monge, sobre a projeção cilíndrica ortogonal em dois Planos.

Os dois planos colocados nessa posição configuram o chamado 1º Diedro. (Em grego, edro significa plano).

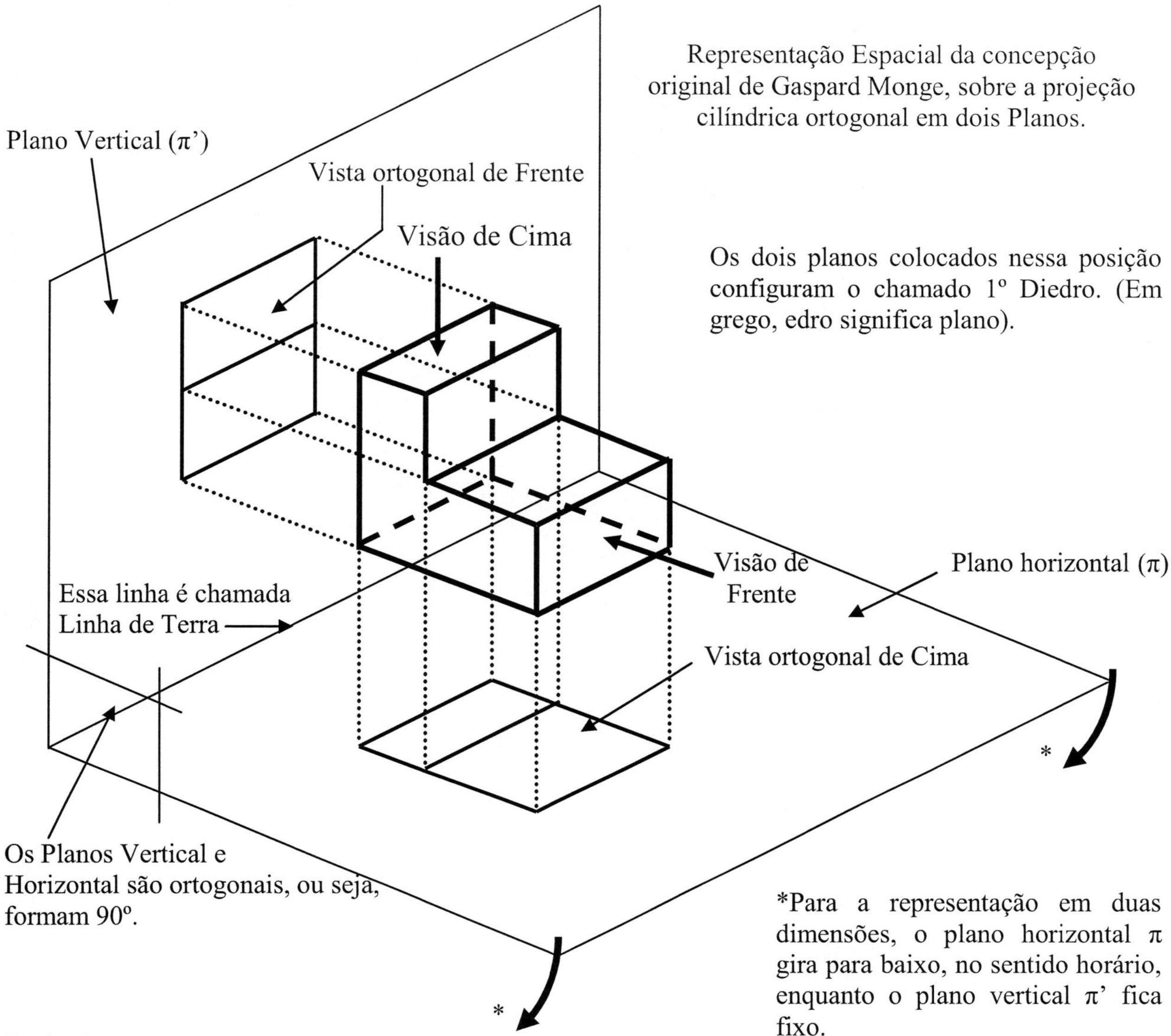

*Para a representação em duas dimensões, o plano horizontal π gira para baixo, no sentido horário, enquanto o plano vertical π' fica fixo.

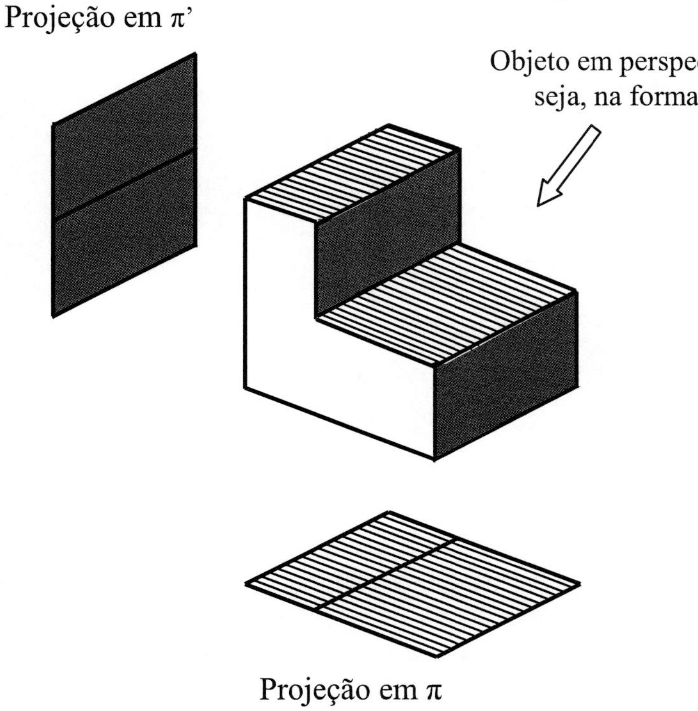

Rebatendo, ou melhor, girando o plano horizontal para baixo, no sentido horário, obtém-se uma planificação, chamada Épura. Ou seja, Monge criou um método para representar um objeto tridimensional em duas projeções ortogonais, ou melhor, ele criou um conceito para representar um objeto tridimensional (comprimento, largura e profundidade), em duas dimensões ou bidimensional (comprimento e largura).
O desenho da próxima página mostra o conceito das projeções cilíndricas ortogonais, nos planos π e π', do objeto à esquerda. Essas projeções são a base conceitual dos desenhos técnicos projetivos.

Observa-se que a vista de cima fica embaixo.

Na prática só são desenhadas as projeções, obviamente sem sombra ou linhas internas. Os exercícios a seguir consolidam esse conceito.

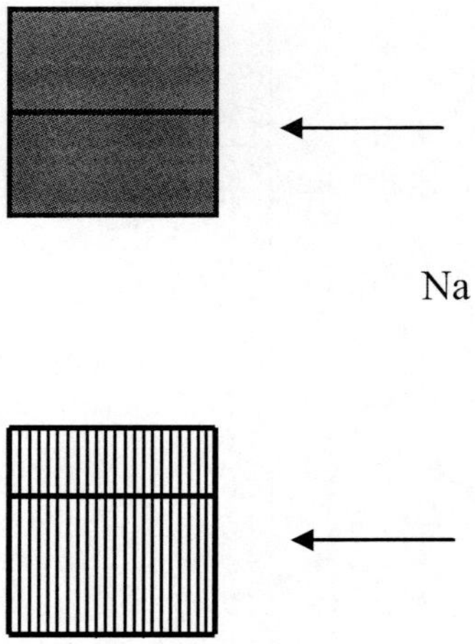

Projeção cilíndrica ortogonal ou vista de frente. Projeção no Plano vertical π'

Na Geometria Descritiva essas projeções são chamadas de Épura.

Projeção cilíndrica ortogonal ou vista de cima. Projeção no Plano horizontal π

Exercício 5.2.1) Desenhar as projeções cilíndricas ortogonais da pirâmide de base quadrada, a seguir mostrada, considerando as projeções nos planos vertical π' e horizontal π.

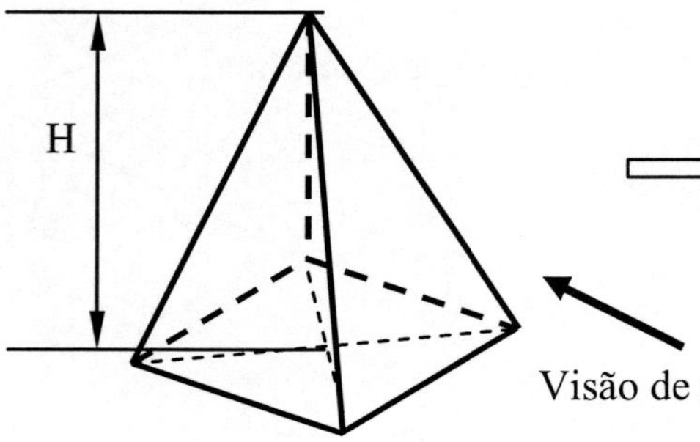

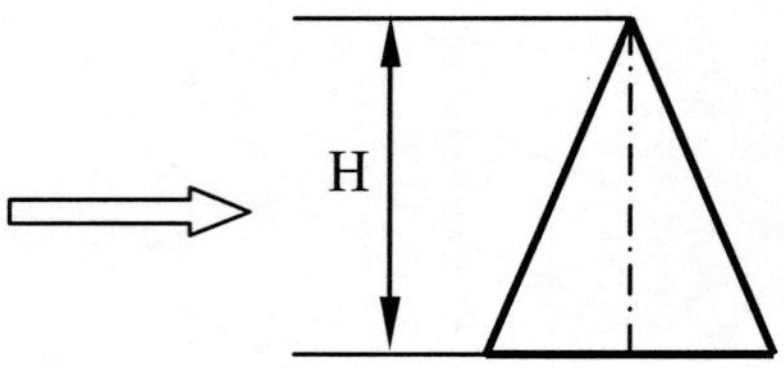

Projeção no plano vertical (Desenha-se como um triângulo)

Visão de frente

Observa-se que as arestas que estão "escondidas" são representadas por linhas tracejadas.

Projeção no plano horizontal (Desenha-se como um quadrado com diagonais)

Exercício 5.2.2) Desenhar as projeções cilíndricas ortogonais do cilindro, a seguir mostrado, considerando as projeções nos planos vertical π' e horizontal π.

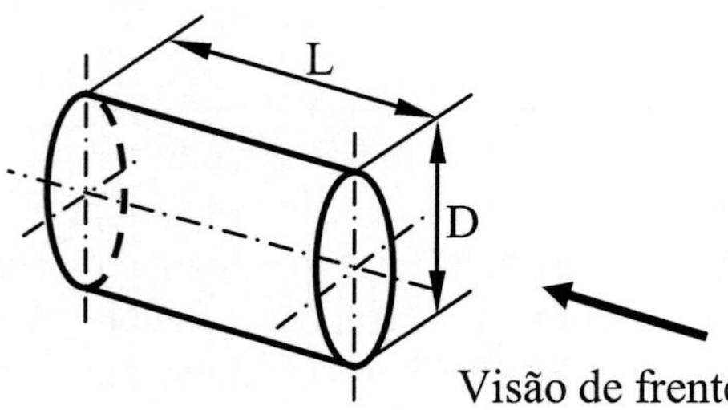

Visão de frente

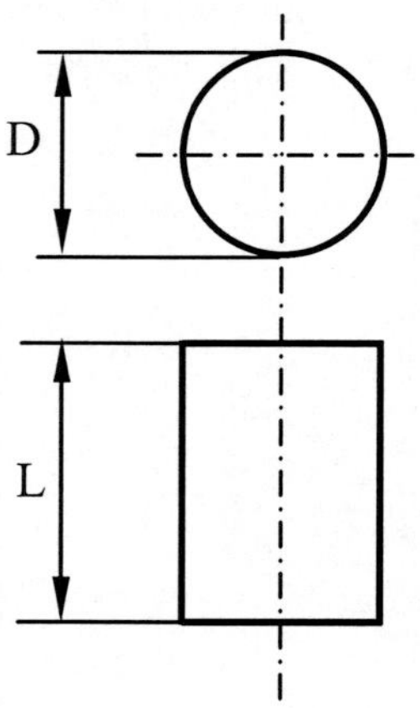

Projeção em π' (Desenha-se como um círculo)

Projeção em π (Desenha-se como um retângulo)

Apesar de seguir regras geométricas, ou seja, matemáticas, existem pessoas que têm mais facilidades que outras, para visualizar como um objeto tridimensional pode ser representado, por exemplo, na folha de papel, ou seja, em duas dimensões. A prática didático pedagógica, mostra que a maioria das pessoas tem mais facilidade de, a partir de um objeto tridimensional, visualizar e desenhar suas projeções em duas dimensões, do que o contrário, ou seja, a partir das suas projeções, visualizar sua forma tridimensional. O exemplo a seguir mostra um exemplo, ou seja, dadas as duas projeções de um objeto, por exemplo, um poliedro irregular, desenhar a sua forma tridimensional.

Exercício 5.2.3) Dadas as duas projeções cilíndricas ortogonais, em π e π', a seguir, desenhar a forma tridimensional.

Projeção em π'

A maioria das pessoas tem mais facilidade em entender do tridimensional para as projeções, ou seja, é mais fácil ir do concreto para o abstrato.

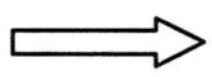

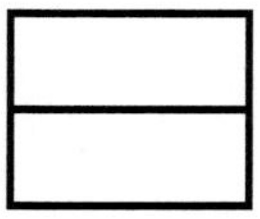

Projeção em π

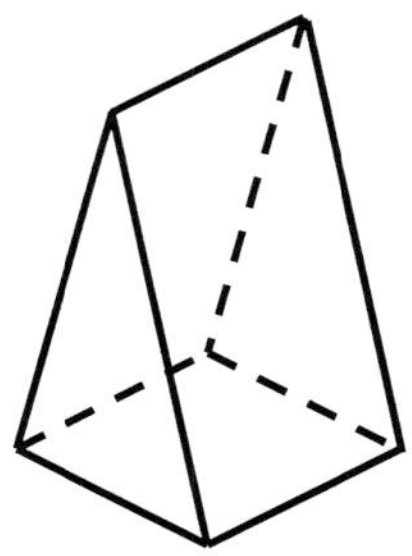

Visão tridimensional

Observações

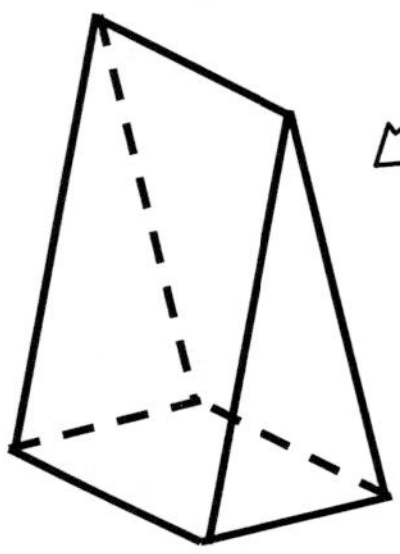

O mesmo objeto, no caso um poliedro irregular, ao mudar de posição, mudam os desenhos das projeções.

Na prática *designers*, arquitetos e engenheiros, escolhem a melhor posição de se ver o objeto, para que os desenhos técnicos sejam facilmente entendidos, e a peça ou obra seja fabricada ou construída sem dificuldades.

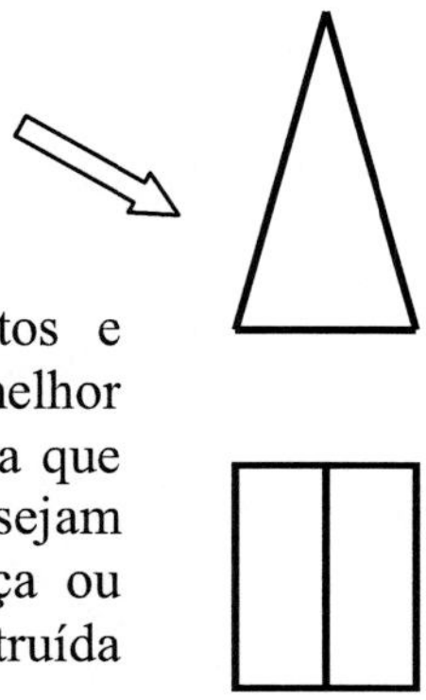

Essa mudança de posição encerra um princípio filosófico interessante, qual seja: "um mesmo problema pode ter mais de uma solução".

Ou ainda: " na vida existem diferentes formas de se encarar um problema.

Exercício 5.2.4) Desenhar as projeções cilíndricas ortogonais do objeto, a seguir mostrado, considerando as projeções nos planos vertical π' e horizontal π.

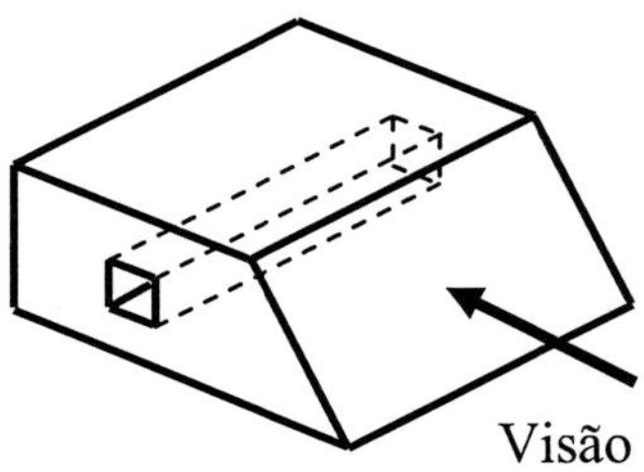

Visão de frente

Arestas não visíveis são desenhadas com linhas tracejadas. Elas existem, mas não são visíveis, pois estão no interior. Essa é uma convenção internacional.

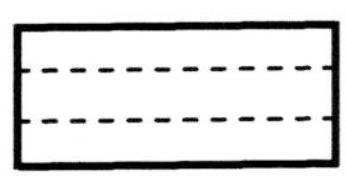

Projeção em π'

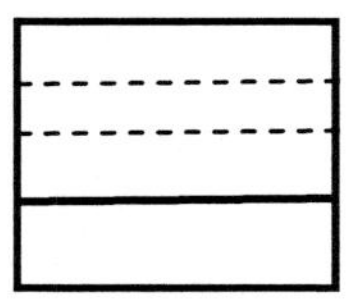

Projeção em π

5.3 As projeções cilíndricas ortogonais, em três planos

Com a evolução da complexidade das peças a serem desenhadas, apenas duas projeções (em π e π') não davam boa compreensão aos desenhos e, então, foi concebido o terceiro plano de projeção (π") ou plano de perfil, obtendo-se então três projeções ou vistas. Na planificação ou Épura, considerando o terceiro plano de projeções, o plano vertical π' fica fixo, o horizontal π gira para baixo, no sentido horário e o de perfil π" gira para a direita, ou seja, no sentido anti-horário, como pode ser visto na figura a seguir.

5.3.1 Conceito da planificação dos três planos, a Épura, considerando o terceiro plano de projeções

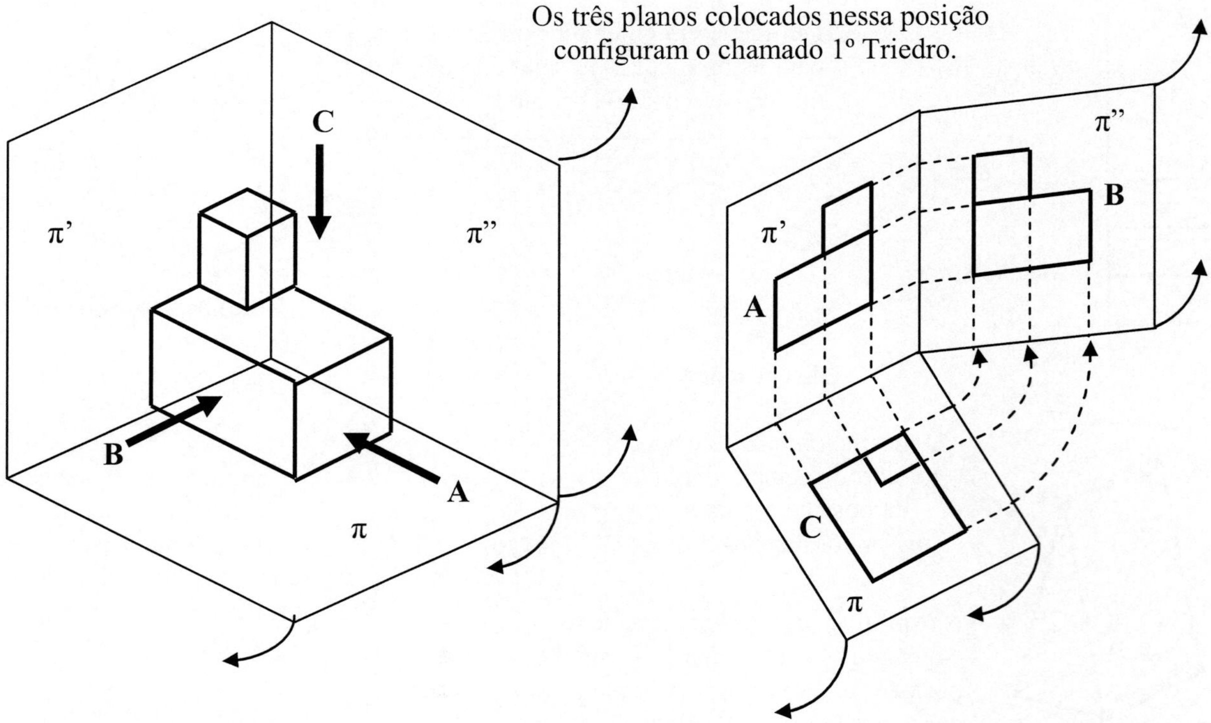

O plano horizontal π gira para baixo, no sentido horário, e o plano de perfil π" gira para a direita, no sentido anti-horário, deixando a planificação ou Épura da forma mostrada abaixo.

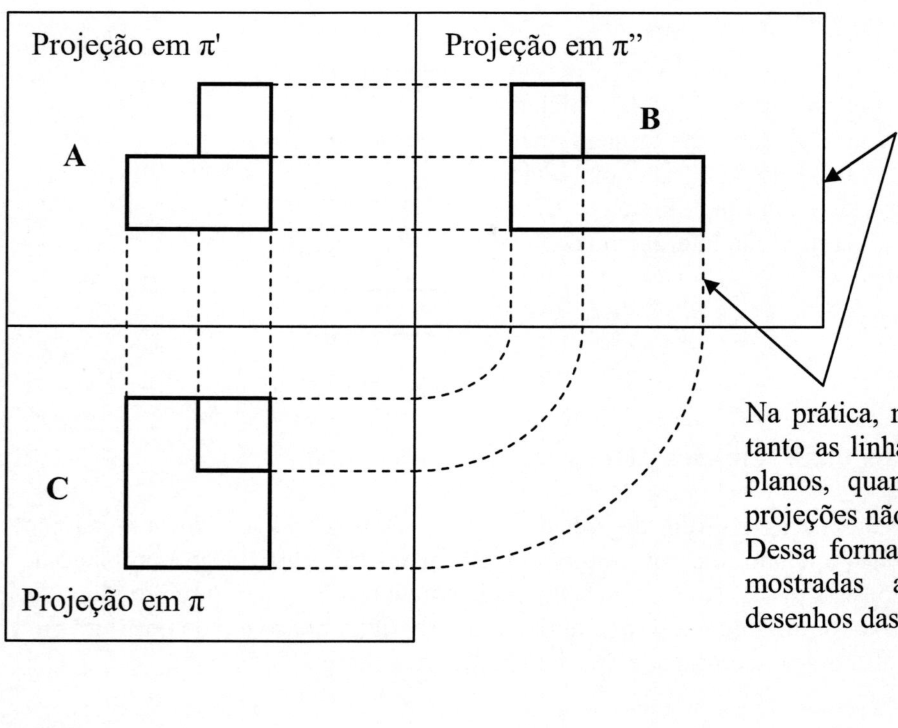

Na prática, mesmo nos estudos acadêmicos, tanto as linhas que demarcam os limites dos planos, quanto as linhas tracejadas ou de projeções não são representadas.
Dessa forma, as três projeções ficam como mostradas a seguir, inclusive com os desenhos das projeções mais próximos..

Projeção em π'
A

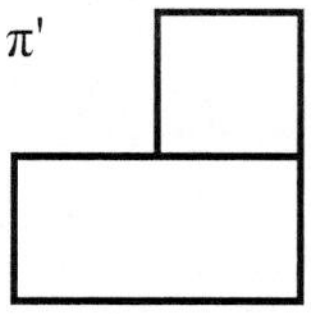

Projeção em π''
B

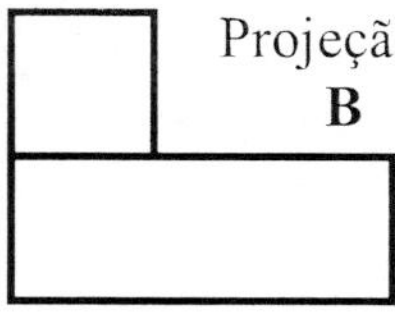

Projeção em π
C

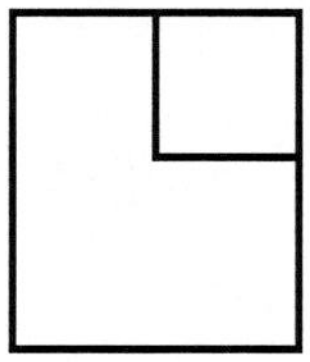

Essas são as três projeções cilíndricas ortogonais. Qualquer pessoa treinada, que saiba os conceitos apenas olha para o desenho e decodifica-o, inclusive "vendo" mentalmente o formato tridimensional do objeto representado.

Exercício 5.3.1.1: Desenhar as três projeções cilíndricas ortogonais, no 1º Triedro, do objeto a seguir.

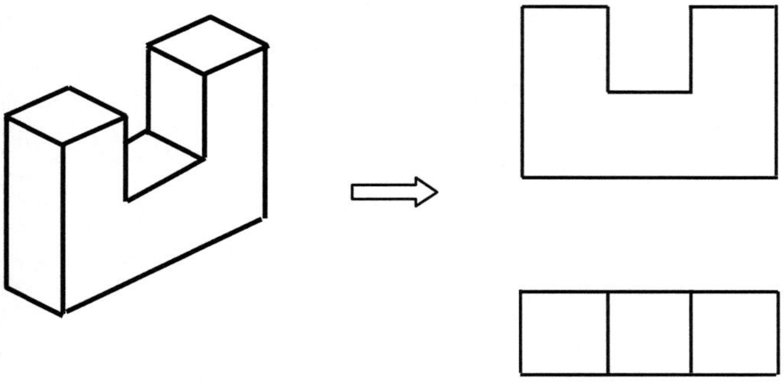

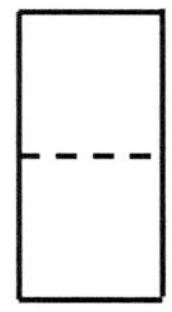

Essas são as três projeções cilíndricas ortogonais

Exercício 5.3.1.2) Dadas as três projeções cilíndricas ortogonais a seguir, consideradas no 1º Triedro, desenhar a imagem geométrica tridimensional do objeto.

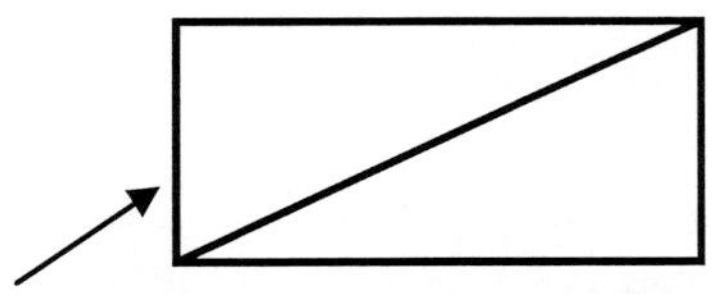

Projeção em π'

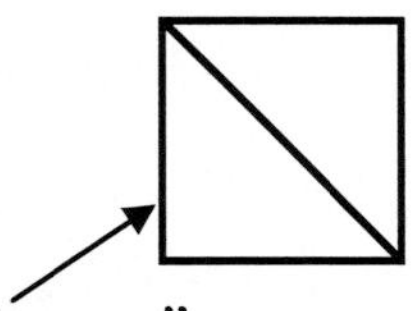

Projeção em π''

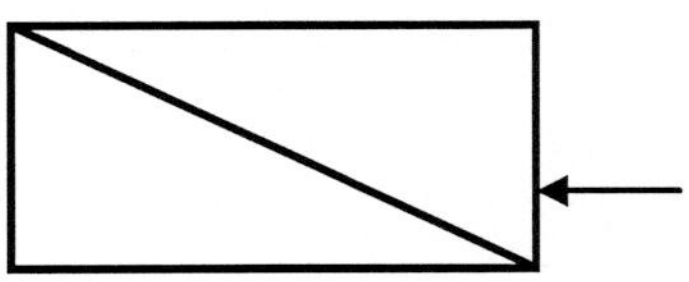

Projeção em π

Raciocínio lógico espacial:

Pela geometria das projeções, observa-se que pode-se pensar num paralelepípedo que, certamente tem detalhes de truncamento ou cortes de faces. Por isso, começa-se a imagem tridimensional a partir de um paralelepípedo.

Paralelepípedo básico

Completando cada plano, com as linhas de projeções, vê-se nitidamente como as faces foram truncadas ou cortadas, para gerar as projeções.

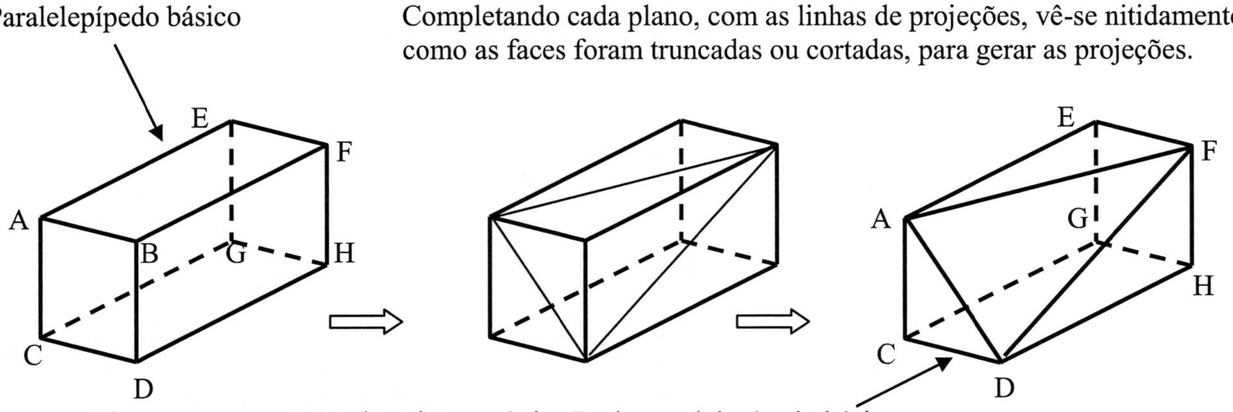

Observa-se que não mais existe o vértice B, do paralelepípedo básico

5.4 Exercícios complementares resolvidos sobre projeções

5.4.1) Um grupo de escoteiros mirins, numa atividade no parque da cidade onde moram, montou uma barraca, em forma de um prisma triangular reto, em que foram usadas hastes metálicas, como mostrado a seguir. Após a armação das hastes, um dos escoteiros observou um inseto deslocar-se sobre elas, partindo do vértice A em direção ao vértice B, e deste ao vértice E e, finalmente, fez o trajeto do vértice E ao C. Considere que todos esses deslocamentos foram feitos pelo caminho de menor distância entre os pontos. Com esses dados, a projeção do deslocamento do inseto no plano que contém a base ABCD é dada por:

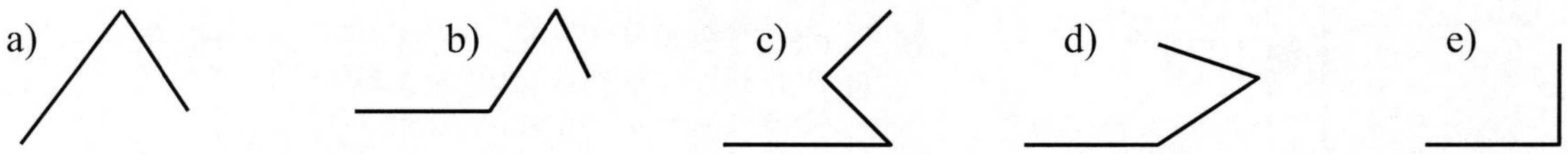

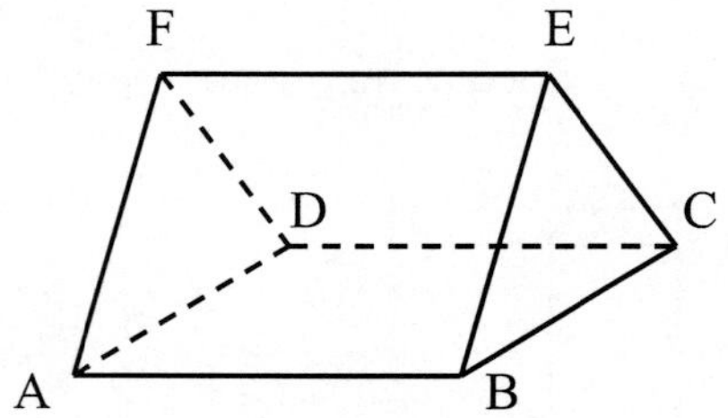

Raciocínio lógico espacial:

O plano que contém a base ABCD, corresponde ao plano horizontal π, ou seja, trata-se de fazer a projeção cilíndrica ortogonal das retas AB, BE e EC, sobre π.

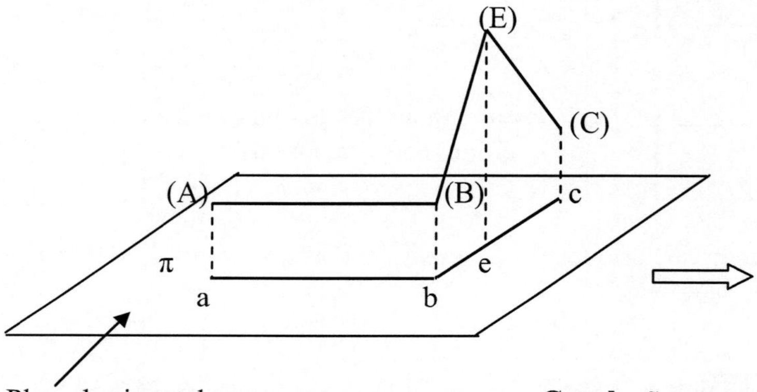

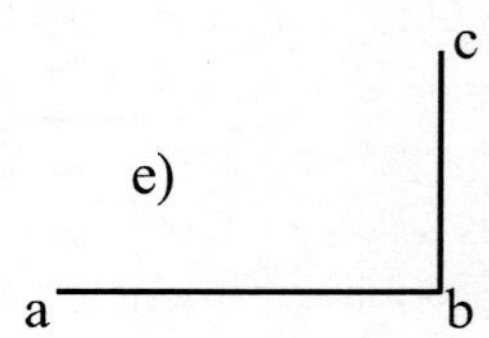

Conclusão: a resposta correta é a opção "e".

5.4.2) Um estudante observou que uma mosca pousou no ponto A, bem na linha do equador de uma bola esférica e se movimentou lentamente ao longo da linha na horizontal e parou no ponto B, também sobre a linha do equador, tendo se deslocado 45º no sentido anti-horário. Supondo essa bola apoiada sobre um piso horizontal, determinar a projeção cilíndrica ortogonal da trajetória da mosca.

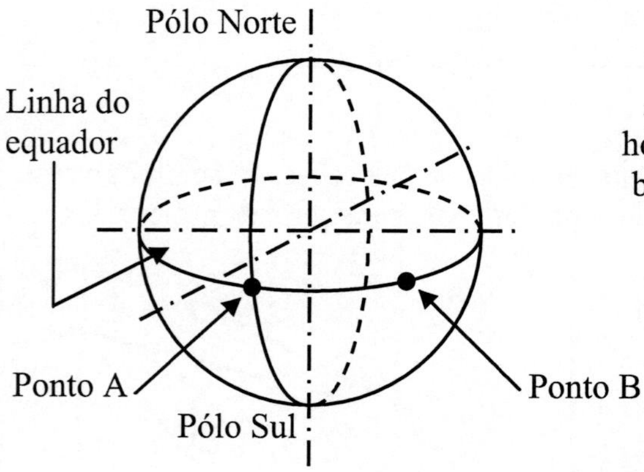

Raciocínio lógico espacial:

A bola esférica vista de cima, ou seja, projeção no plano horizontal, aparece como uma circunferência. Dessa forma, basta desenhar a circunferência e mostrar o ângulo de 45º.

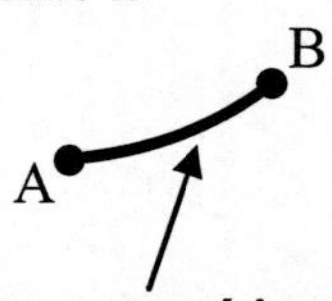

Conclusão: a projeção da trajetória da mosca é igual ao arco de um oitavo de volta na circunferência:

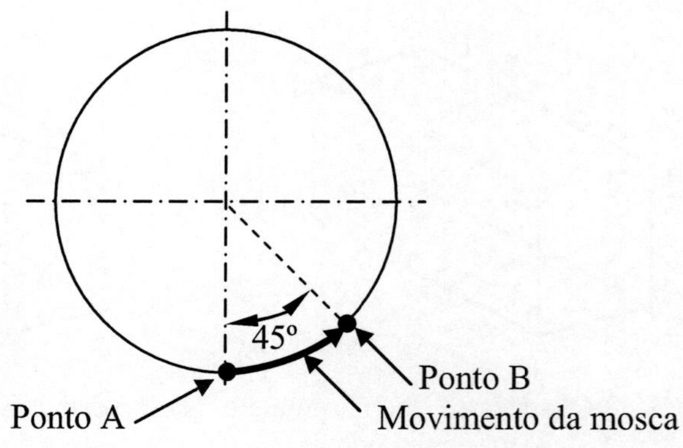

5.4.3) A figura a seguir representa o globo terrestre e nela estão marcados os pontos A, B e C. Os pontos A e B estão localizados sobre um mesmo paralelo, e os pontos B e C, sobre um mesmo meridiano. É traçado um caminho do ponto A até C, pela superfície do globo, passando por B, de forma que o trecho de A até B se dê sobre o paralelo que passa por A e B e, o trecho de B até C se dê sobre o meridiano que passa por B e C. Considerando que o plano α é paralelo à linha do equador na figura, determinar qual opção representa a projeção ortogonal, no plano α, do caminho traçado no globo.

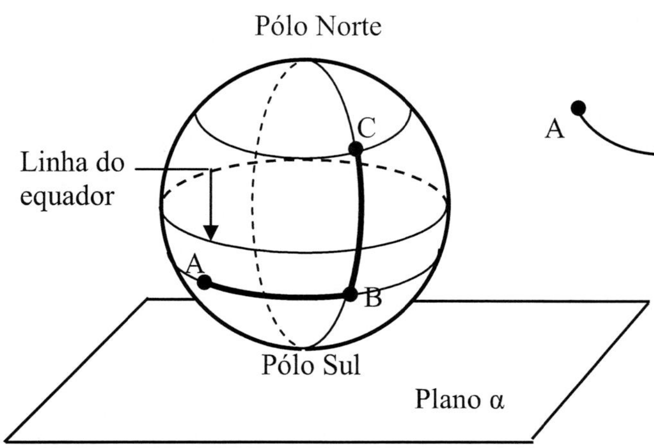

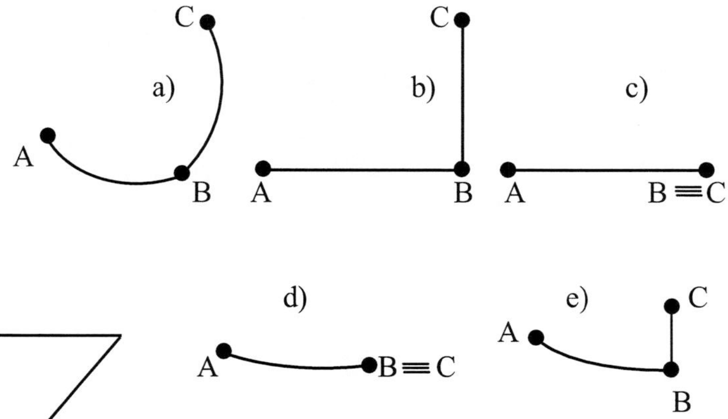

Raciocínio lógico espacial: ao se projetar o globo no plano α, equivalente ao plano horizontal π, tem-se a figura de uma circunferência, como a seguir mostrada, observando-se a projeção do trecho AB. Para a projeção do trecho BC, tem-se que recorrer à projeção no plano de perfil π". Analisando a figura a seguir, conclui-se que esses trechos se projetam como arcos de circunferências, tal e qual mostrado na opção "a".

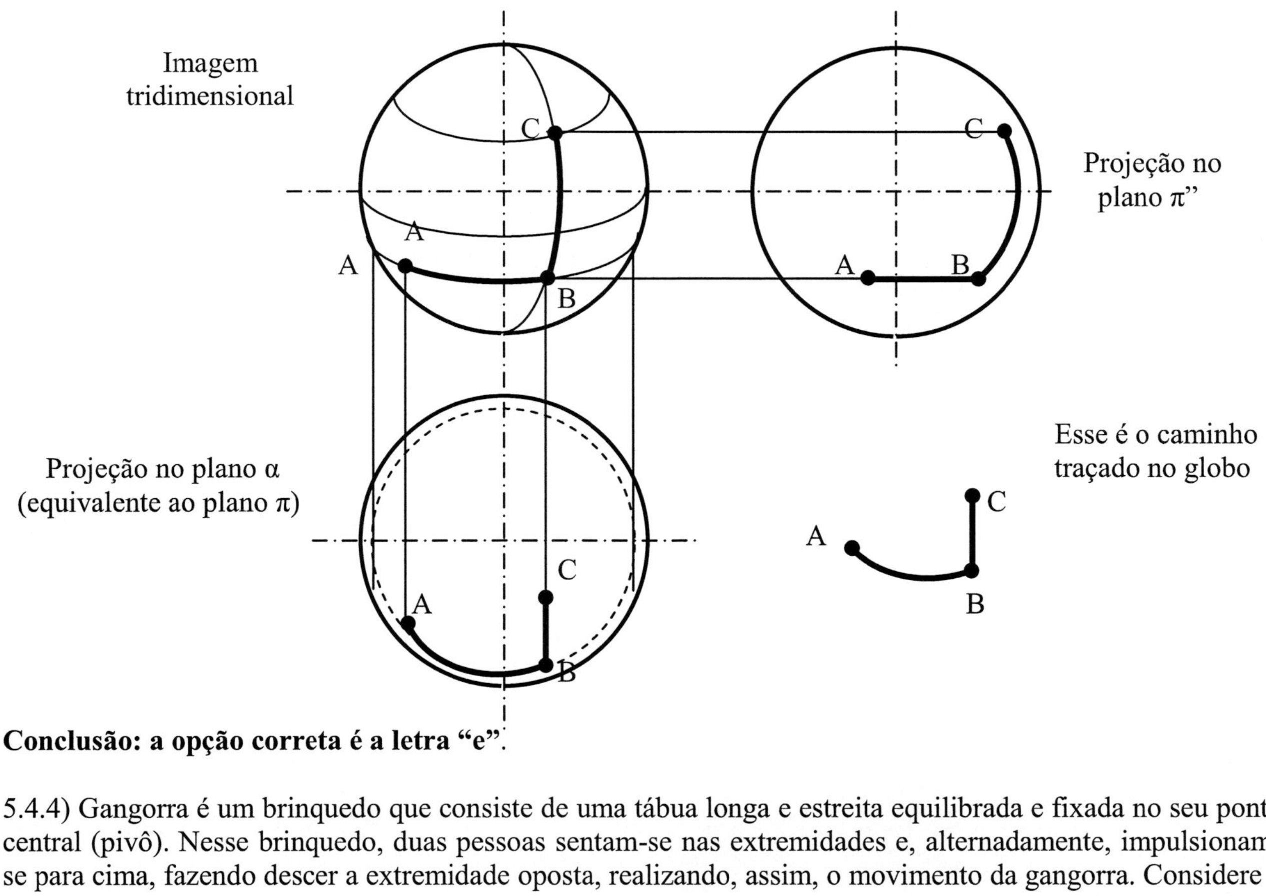

Conclusão: a opção correta é a letra "e".

5.4.4) Gangorra é um brinquedo que consiste de uma tábua longa e estreita equilibrada e fixada no seu ponto central (pivô). Nesse brinquedo, duas pessoas sentam-se nas extremidades e, alternadamente, impulsionam-se para cima, fazendo descer a extremidade oposta, realizando, assim, o movimento da gangorra. Considere a gangorra representada na figura, em que os pontos AA e BB são equidistantes do pivô. A projeção ortogonal da trajetória dos pontos A e B, sobre o plano do chão da gangorra, quando esta se encontra em movimento, é:

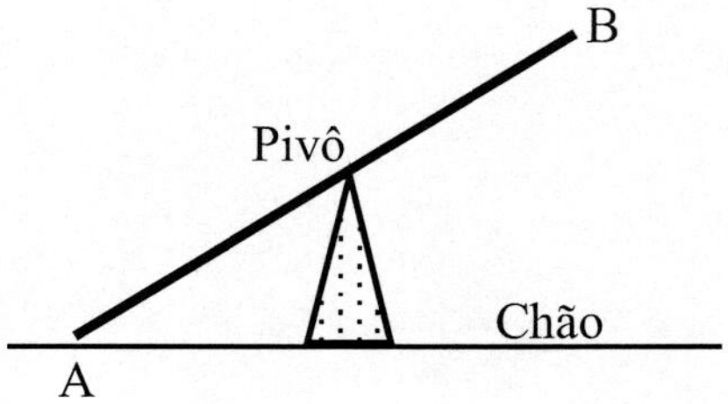

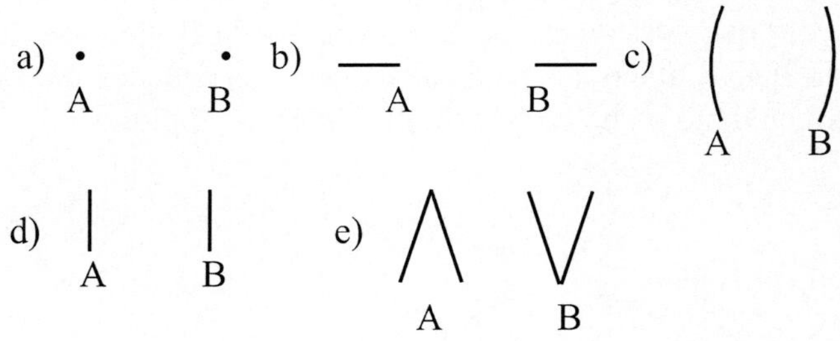

Raciocínio lógico espacial: em verdade, uma gangorra tem movimento alternado (sobe e desce), segundo arcos de circunferências, em cada extremidade (A, B). O raio dessa circunferência é igual à distância entre o pivô e os pontos A ou B. A figura a seguir mostra esses arcos, em função do movimento alternado.

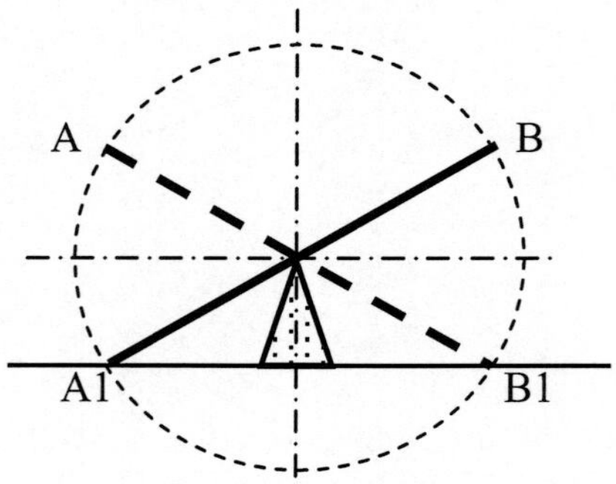

A projeção da trajetória dos pontos A e B, sobre o plano do chão, equivale a projetar a figura à esquerda no plano horizontal π, como detalhado na figura a seguir.

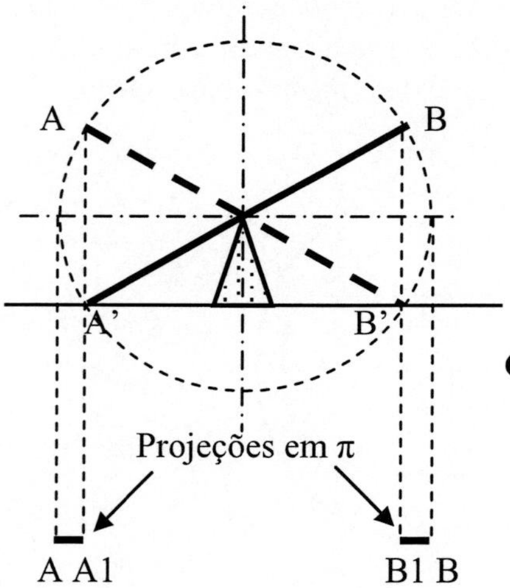

Observa-se que, na projeção em π ou plano do chão, o ponto A varia entre A e A1, assim como, o ponto B varia entre B e B1.

Conclusão: A projeção ortogonal da trajetória dos pontos A e B, sobre o plano do chão da gangorra, quando esta se encontra em movimento, é a opção "b".

5.4.5) Considerando o exercício anterior, desenhar a projeção ortogonal da trajetória dos pontos A e B, sobre o plano vertical ou π', quando esta se encontra em movimento.

Raciocínio lógico espacial: a projeção da trajetória sobre o plano vertical ou π' é obtida diretamente da figura anterior, como se vê a seguir.

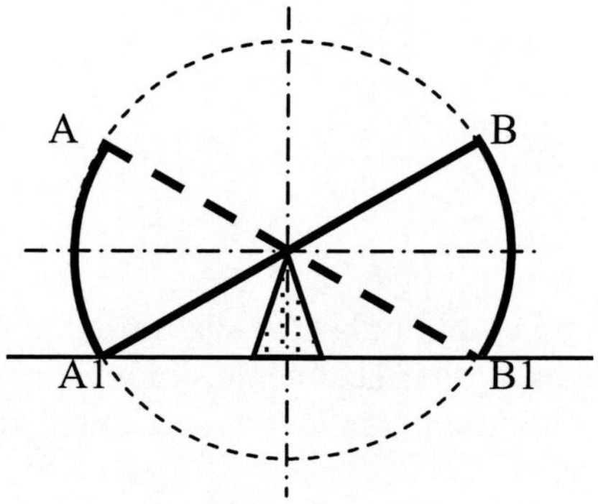

Essa é a projeção no plano vertical π'

5.4.6) No esquema abaixo, estão representados os planos ortogonais α e β, sendo A um ponto de α e D um ponto de β. Os pontos B e C pertencem à intersecção desses dois planos, sendo BC = 40 cm. Considere, ainda, AB = 30 cm e CD = 20 cm, perpendiculares a β e α, respectivamente. Calcule a distância AD em cm.

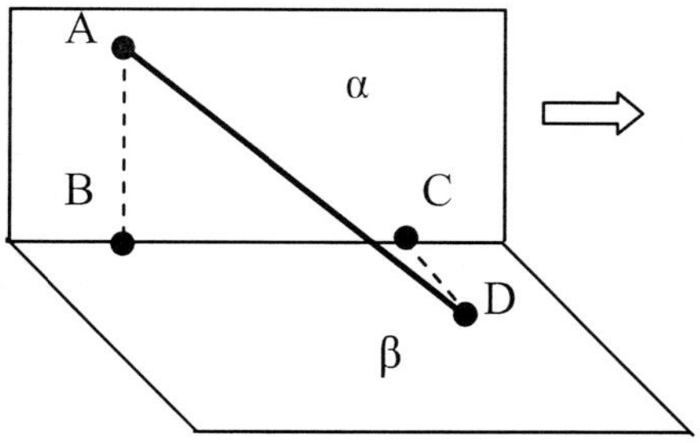

Raciocínio lógico espacial:

Determina-se o triângulo retângulo BCD, onde a hipotenusa BD é um dos catetos do triângulo ABD, cuja hipotenusa AD é a distância a ser calculada.

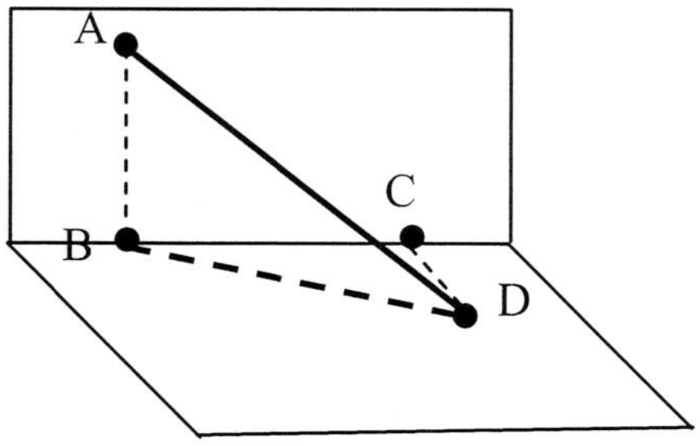

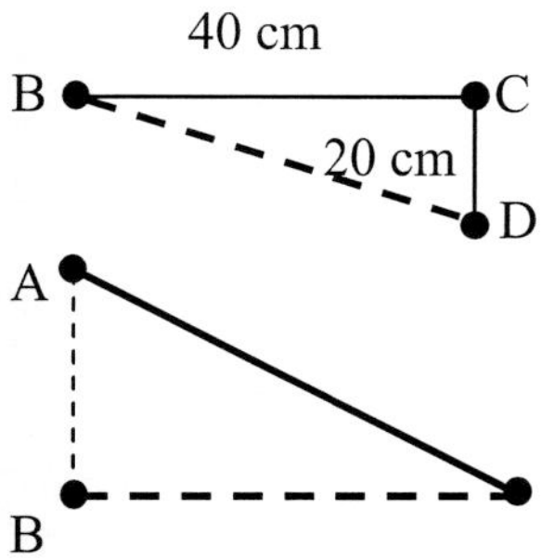

$BD^2 = BC^2 + CD^2 \Rightarrow BD = \sqrt{(40)^2 + (20)^2} \Rightarrow BD = \sqrt{2000} \Rightarrow BD = 44,72$ cm.

$AD^2 = AB^2 + BD^2 \Rightarrow AD = \sqrt{(30)^2 + (2000)} \Rightarrow AD = \sqrt{2900} \Rightarrow AD = 53,85$ cm.

Conclusão: a distância AD é igual a 53,85 cm (ou $10\sqrt{29}$ cm).

5.5 Exercícios propostos sobre projeções

5.5.1) Determinar a área do triângulo abc, que é a projeção do triângulo (A)(B)(C), no plano horizontal ou plano π, considerando as seguintes medidas: (A)(B) = 10 cm; 12 = 5 cm; 1a'b' = 3 cm; 2c' = 10 cm; a'/b'(A) = 7 cm e c'(C) = 12 cm.

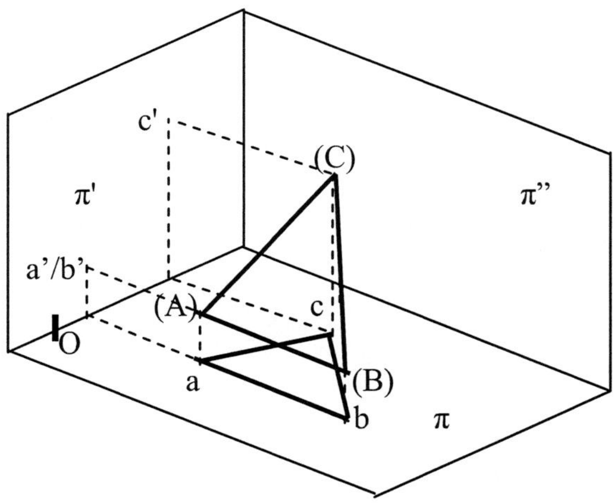

5.5.2) Uma lagartixa está no interior de um quarto e começa a se deslocar. Esse quarto, apresentando um formato de um paralelepípedo retangular, é mostrado na figura a seguir. A lagartixa parte do ponto B e vai até o ponto A. A seguir, de A, ela se desloca, pela parede, até o ponto M, que é o ponto me´dio do segmento EF. Finalmente, pelo teto, ela vai do ponto M até o ponto H. Considere que todos esses deslocamentos foram feitos pelo caminho de menor distância, entre os respectivos pontos envolvidos. Marque qual é a projeção ortogonal desses deslocamentos no plano que contém o chão do quarto.

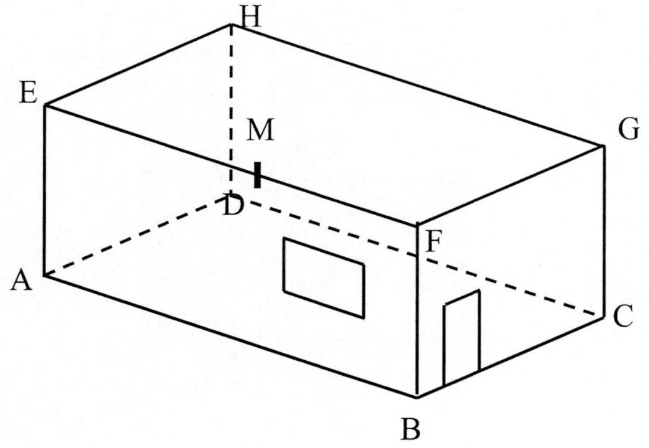

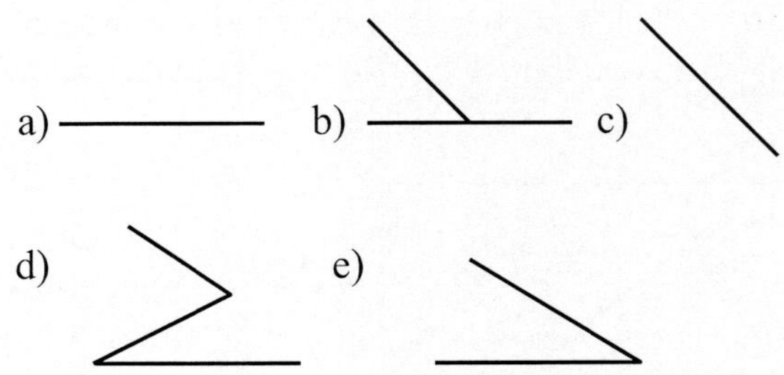

5.5.3) A projeção ortogonal do triângulo AFC no plano da base BCDE, do cubo de aresta 2 cm, é um triângulo de área y. Determinar essa área em cm^2.

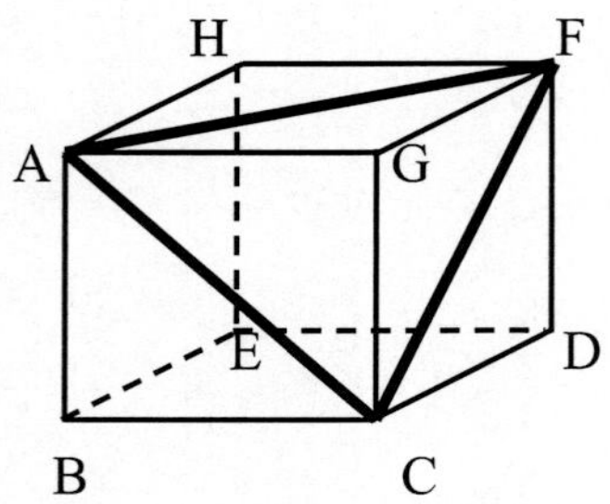

5.6 Perspectivas: cavaleira, isométrica e cônica

A palavra perspectiva vem do latim *perspicere* e significa “ver através de”. Embora desde a Grécia antiga artistas já desenhassem expressando a ideia de volume e profundidade, foi a partir da conceituação da perspectiva cônica, em 1413, que outros tipos de perspectivas foram sendo desenvolvidas..
Do ponto de vista da aplicação no desenho técnico projetivo, existem dois tipos de perspectivas: a cônica e a cilíndrica axonométrica* com as seguintes classificações:

(* Axonometria: *axon* = eixo e *metreo* = medida)

- Perspectivas
  - Cônica
    - Com 1 ponto de fuga
    - Com 2 pontos de fuga
    - Com 3 pontos de fuga
  - Cilíndrica Axonométrica
    - Oblíqua
      - Militar
      - Cavaleira
    - Ortogonal
      - Isométrica
      - Dimétrica ou bimétrica
      - Anisométrica ou trimétrica

Para os objetivos deste livro, como base conceitual do desenho técnico projetivo, e para atender à Base Nacional Comum Curricular – BNCC, da área de Geometria, para o 9º ano do Ensino Fundamental, serão mostrados os seguintes tipos de perspectivas: cônica, cavaleira, Isométrica, dimétrica e anisométrica ou trimétrica.

5.6.1 A perspectiva cavaleira

Utiliza a projeção cilíndrica oblíqua, causando uma deformação no objeto representado, sendo que uma das faces (a de frente) é paralela ao plano de projeção, ou seja, representada em verdadeira grandeza.

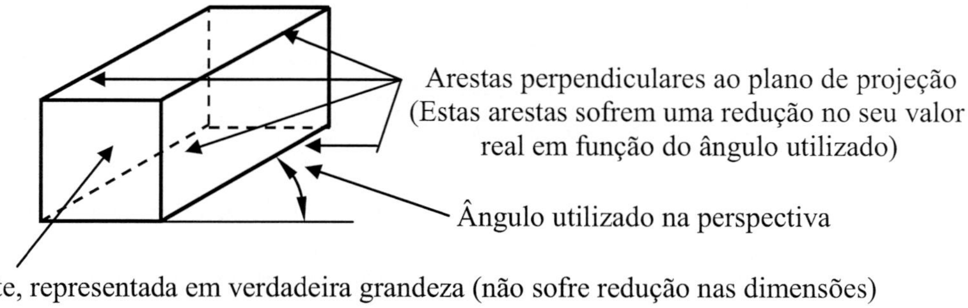

Em princípio, pode ser utilizado qualquer valor de ângulo, mas na prática são utilizados 30^0, 45^0 e 60^0. Para cada valor de ângulo é calculado um fator K de redução das arestas paralelas ao plano de projeção. K é a relação entre a aresta reduzida e a aresta real:

$$K = \frac{\text{Aresta reduzida}}{\text{Aresta real}}$$

Na prática temos os seguintes valores:

$$\begin{cases} K = 2 / 3 \text{ para ângulo de } 30^0 \\ K = 1 / 2 \text{ para ângulo de } 45^0 \\ K = 1 / 3 \text{ para ângulo de } 60^0 \end{cases}$$

O objeto também pode ser desenhado com a noção de profundidade da direita para a esquerda.

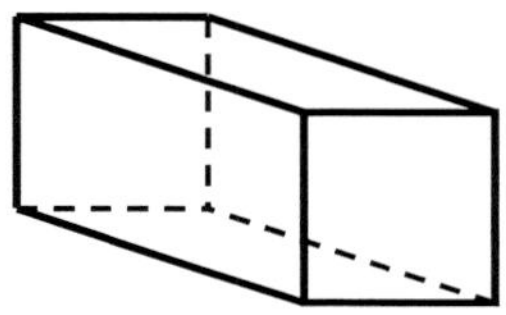

Quanto maior o ângulo utilizado "menores" ficam as arestas perpendiculares ao plano de projeção. A figura a seguir mostra o mesmo prisma, ou seja, com as mesmas dimensões, porém com ângulos diferentes. Observa-se o efeito espacial, que torna o desenho harmonioso e equilibrado. Tem-se a impressão que o objeto está se "escondendo", à medida que o ângulo aumenta.

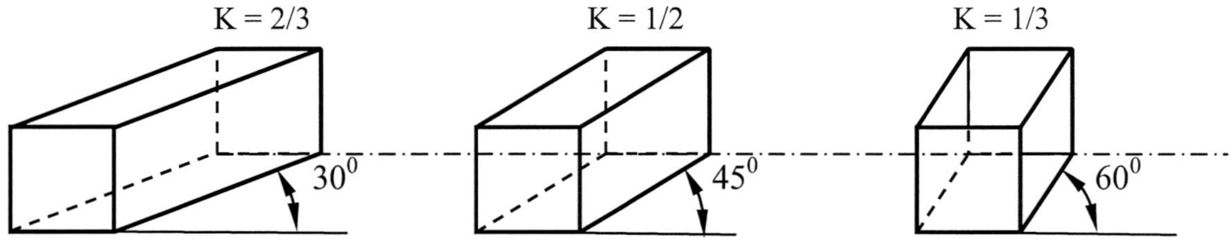

A seguir é mostrado como ficaria o mesmo prisma, fazendo a perspectiva cavaleira a 60^0, mas sem reduzir a dimensão das arestas perpendiculares ao plano de projeção.

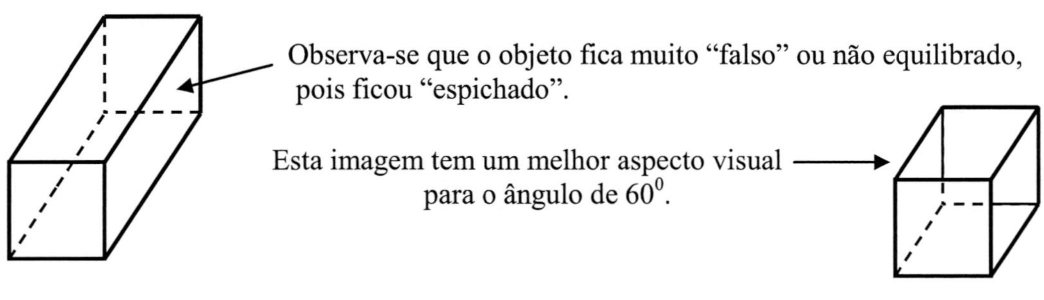

Exemplos de cilindros em perspectiva cavaleira (circunferência nas três faces)

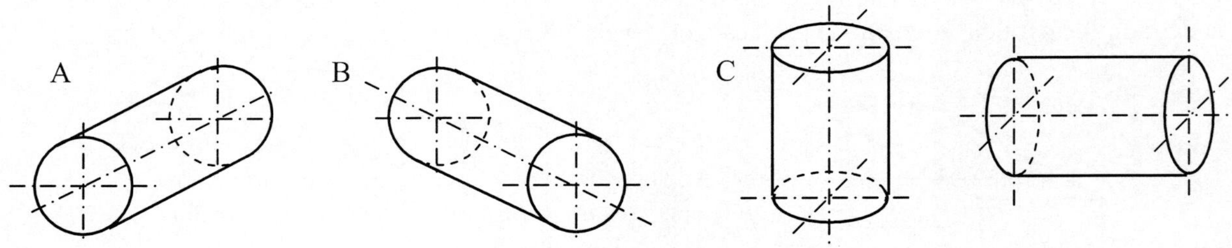

Nas posições A e B, a circunferência aparece em verdadeira grandeza, sem deformação.

Nas posições C e D, a circunferência aparece como uma elipse. Existem métodos geométricos específicos para o seu traçado, como conceituado a seguir.

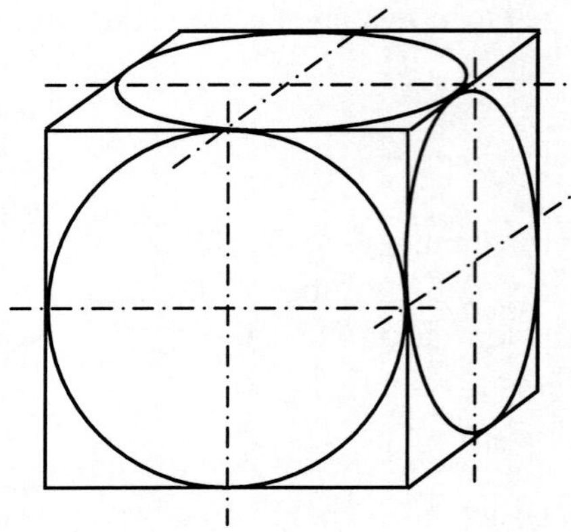

Este é o conceito da construção de circunferências em perspectiva cavaleira, segundo o plano considerado.

Exemplos de perspectivas cavaleiras a 45^0

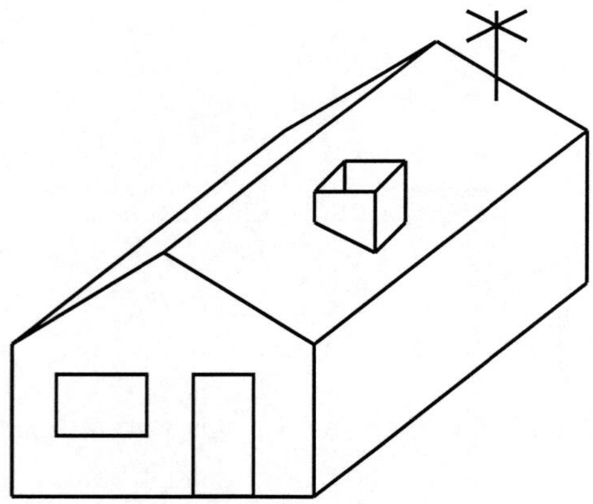

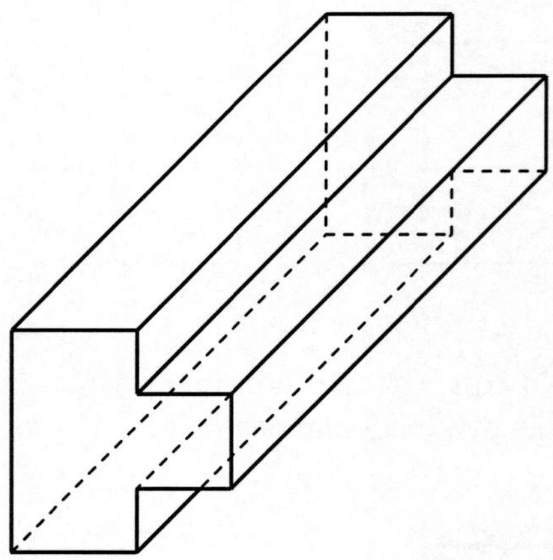

5.6.2 A perspectiva isométrica

Utiliza a projeção cilíndrica ortogonal, onde as projeções dos três eixos x, y, z, formam entre si ângulos de 120^0. As três faces aparecem de forma inclinada, mostrando alguns detalhes que não são bem visíveis na cavaleira. Teoricamente as três dimensões da Isométrica deveriam sofrer uma redução igual de 0,8, mas na prática não se faz.

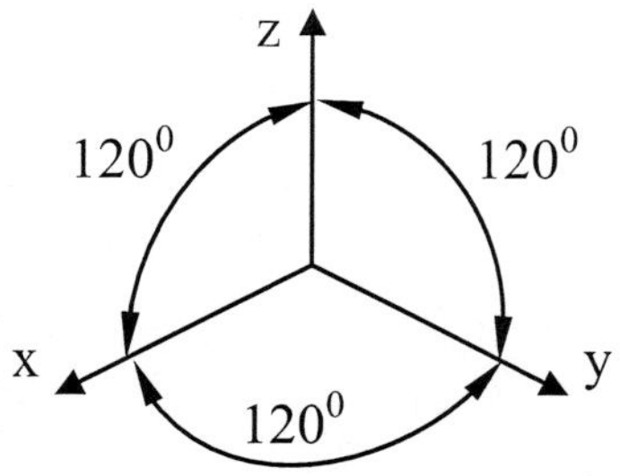

Na prática são traçados ângulos de 30^0 dessa maneira.

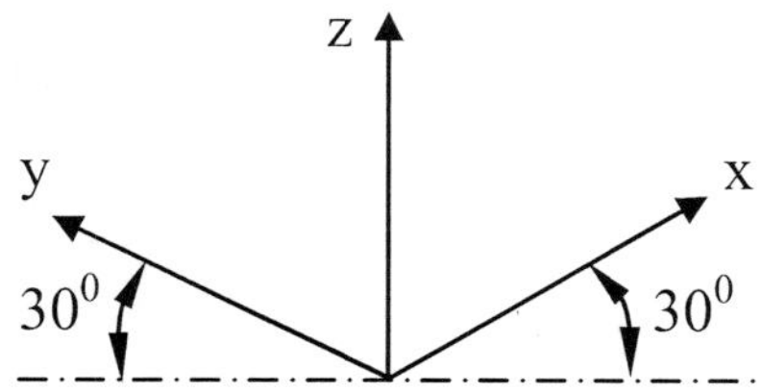

Exemplos de poliedros em perspectiva isométrica

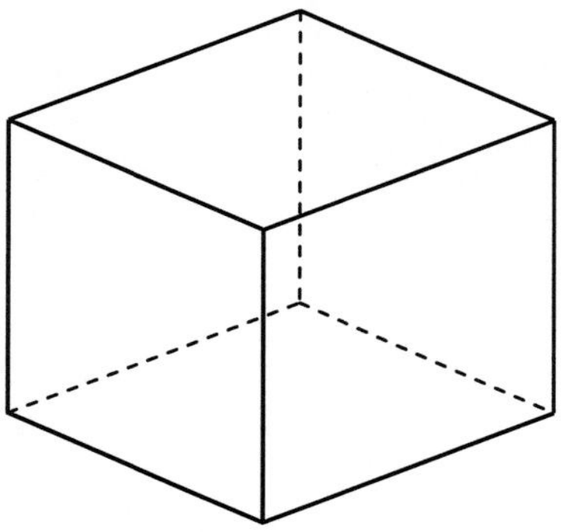

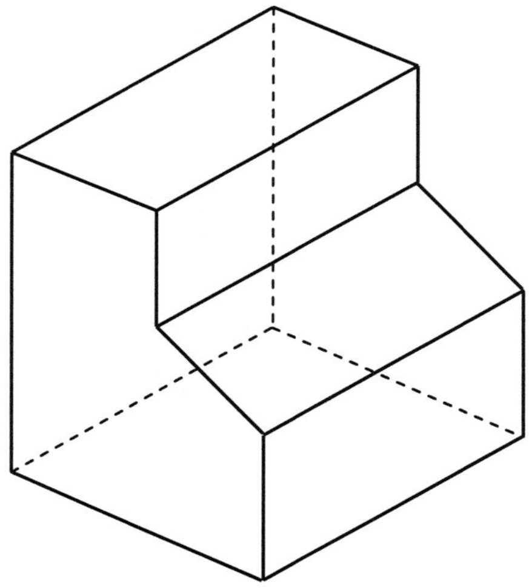

Desenho da perspectiva isométrica de circunferências nas três faces (exemplos de cilindros isométricos)

São feitas a partir de losangos.

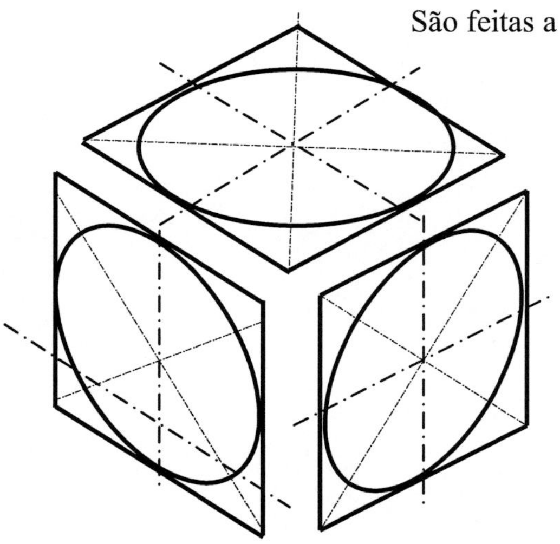

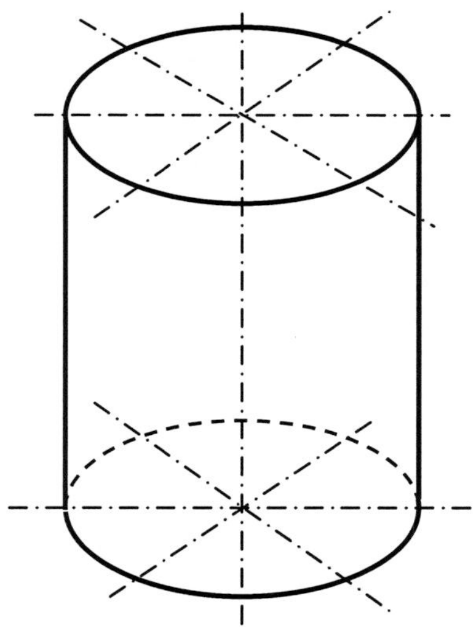

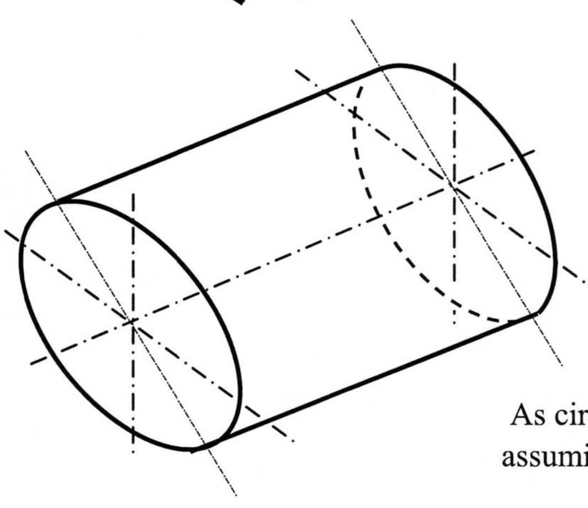

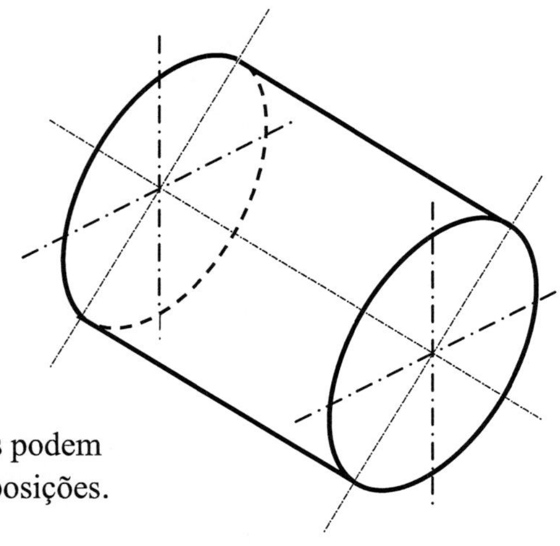

As circunferências podem assumir estas três posições.

Processo para desenho de uma circunferência em perspectiva isométrica (gerando uma falsa elipse)

1º Passo: dividir o losango A, B, C, D, em 4 partes iguais (mediatrizes) determinando os pontos 1, 2, 3 e 4.

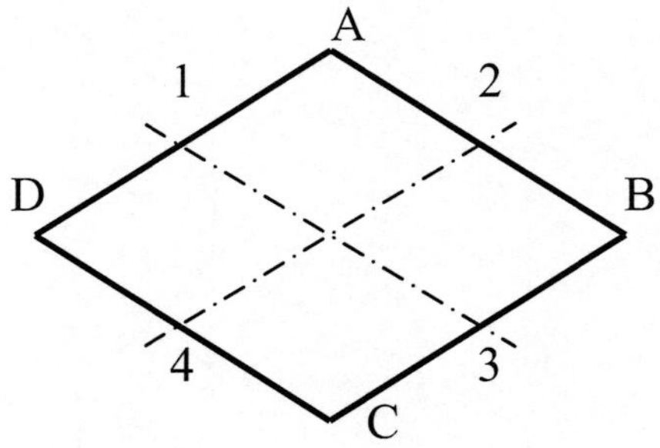

2º Passo: pelo ponto C traçar retas C1 e C2 . Pelo ponto A traçar retas A3 e A4. Ficam determinados os centros 5 e 6.

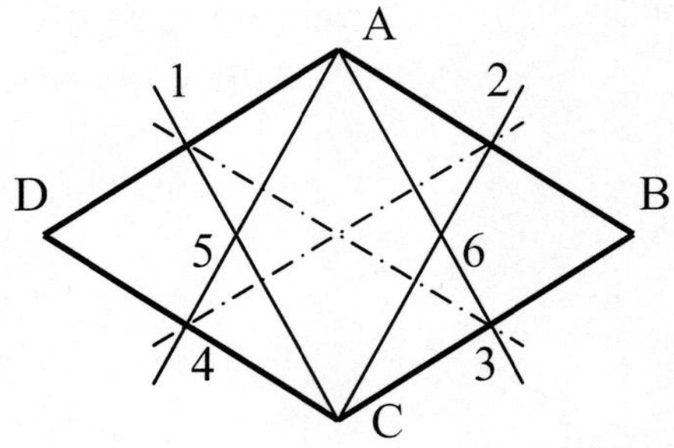

3º Passo: com centro em C e raio C1 = C2, traçar arco C12.

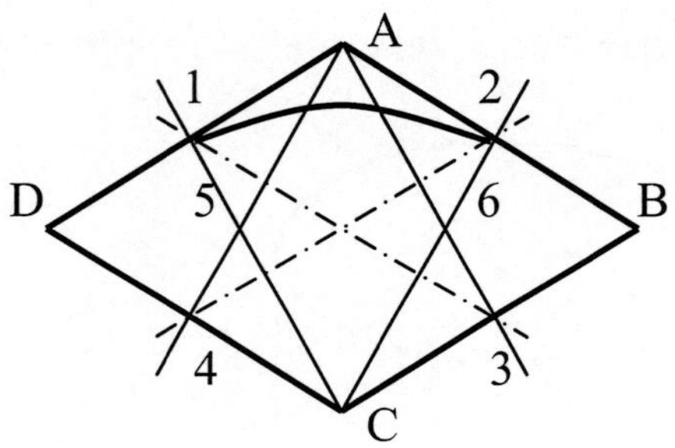

4º Passo: com centro em A e raio A3 = A4, traçar arco A34.

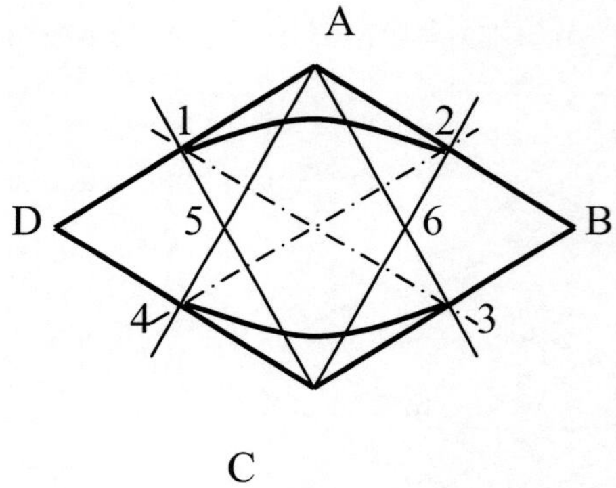

5º Passo: com centro em 6 e raio 62 = 63, traçar arco 623.

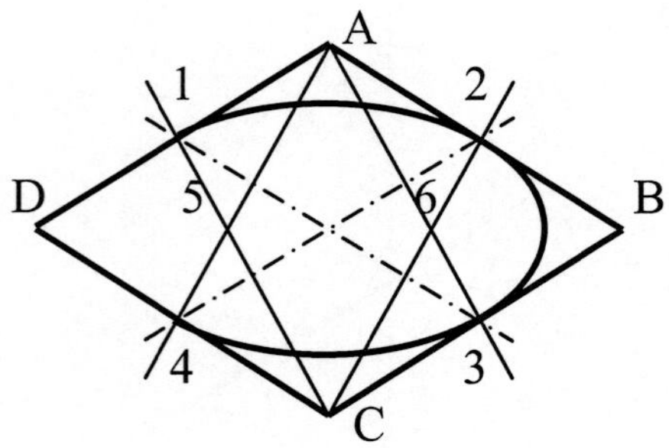

6º Passo: com centro em 5 e raio 51 = 54, traçar arco 514, fechando a elipse.

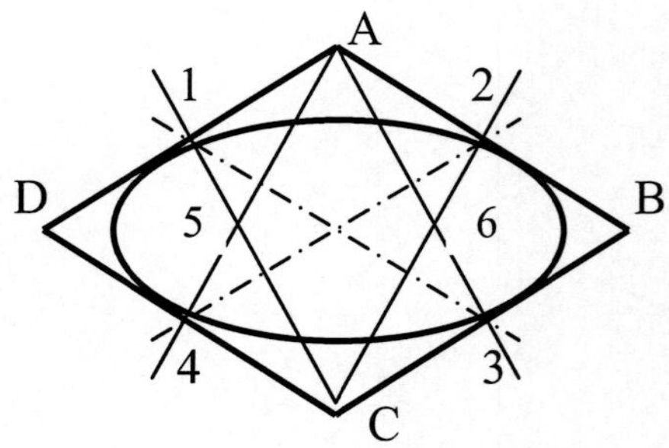

As circunferências nas outras posições (à direita ou à esquerda) seguem os mesmos passos.

Exemplos de peças em perspectiva isométrica, com arcos de circunferências

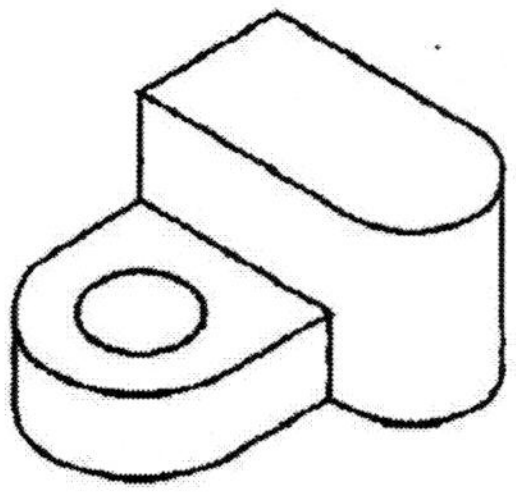

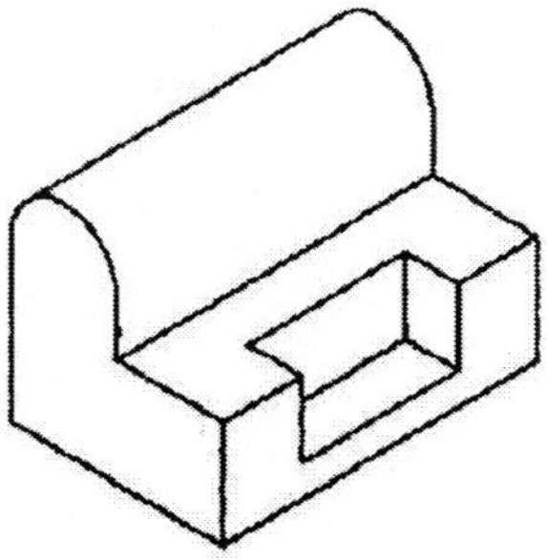

Observa-se que, nesses dois exemplos, existem arcos de circunferências, desenhados em perspectiva isométrica, considerando-se as três faces do chamado "cubo isométrico".

Passo a passo para o desenho de peças em perspectiva isométrica

Peça pronta

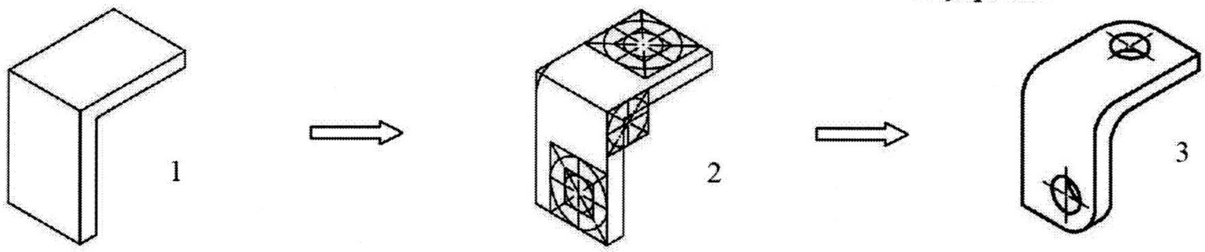

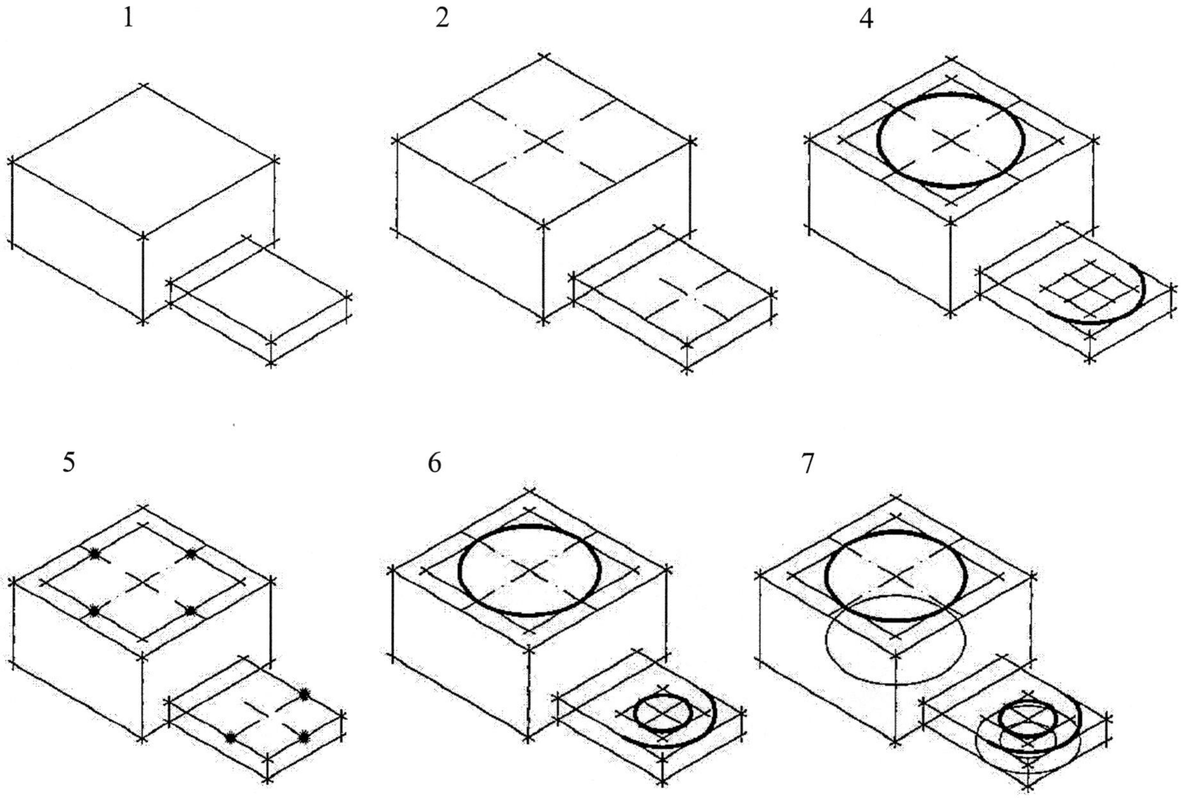

8

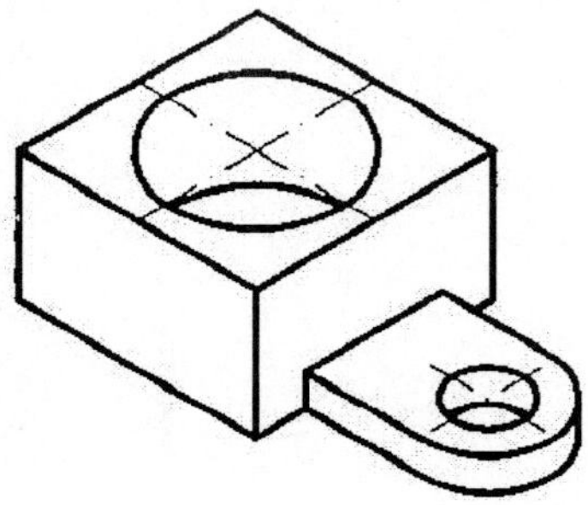

A peça pronta em perspectiva isométrica.

5.6.3 A perspectiva cônica

Foi a partir de análises visuais, na busca de soluções geométricas para a construção das cúpulas de catedrais, que os arquitetos italiano Brunelleschi (1377-1446) e León Battista Alberti (1404-1472), criaram o conceito básico da perspectiva cônica.

O conceito original da perspectiva cônica

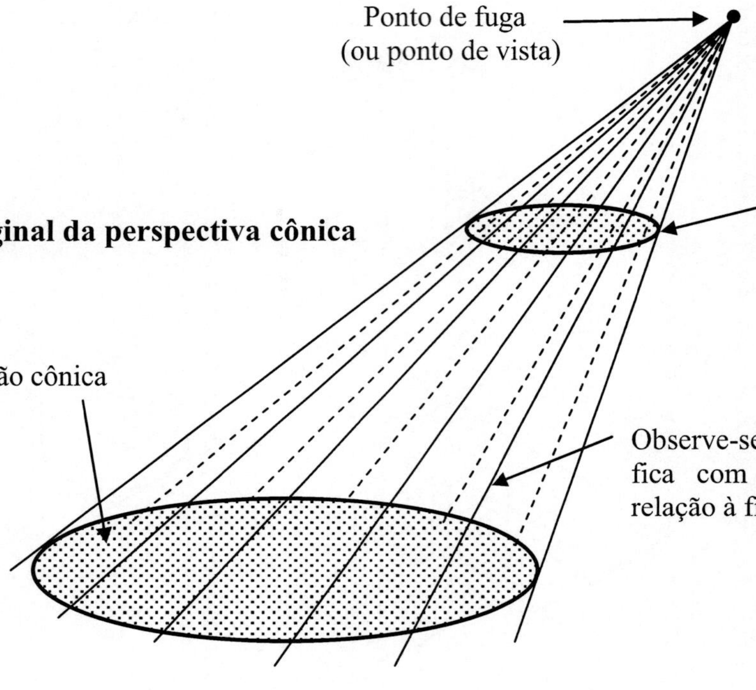

A perspectiva cônica procura desenhar objetos da mesma forma que o olho humano enxerga, ou seja, de forma cônica. Uma simples experiência, que qualquer um pode fazer, e que comprava a visão humana como cônica é quando estamos dentro de um extenso corredor, pois apesar das paredes serem paralelas, tem-se a impressão que elas se encontram lá ao fundo, num ponto chamado ponto de fuga. A mesma sensação se tem ao parar no meio dos trilhos de uma ferrovia, tem-se a impressão que os trilhos se encontram lá longe. A figura anterior mostra o conceito da perspectiva cônica aplicada a uma elipse.

Na prática, são os profissionais de Arquitetura que mais a utilizam. Programas de computação gráfica já permitem esta visualização, inclusive com movimentação da imagem. Já há muitos anos é normal a pessoa ir visitar um escritório de vendas de um novo lançamento imobiliário e mesmo sem nada construído, é possível ver-se em tela ou com óculos de realidade virtual, todo um apartamento decorado e visitando cômodo por cômodo, como se a pessoa estivesse andando fisicamente em um imóvel já pronto.

Com a aplicação, cada vez mais frequente, da Inteligência Artificial, fica difícil prever quais recursos virtuais existirão no que se refere à visão e interpretação de imagens tridimensionais.

Exemplos de perspectivas cônicas

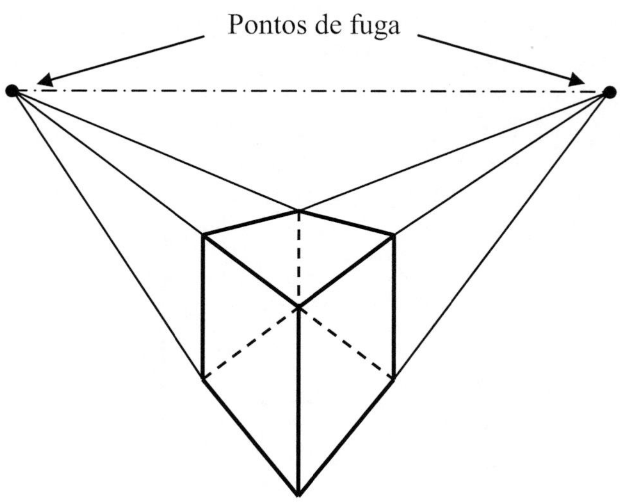

Um hexaedro em perspectiva cônica(com dois pontos de fuga)

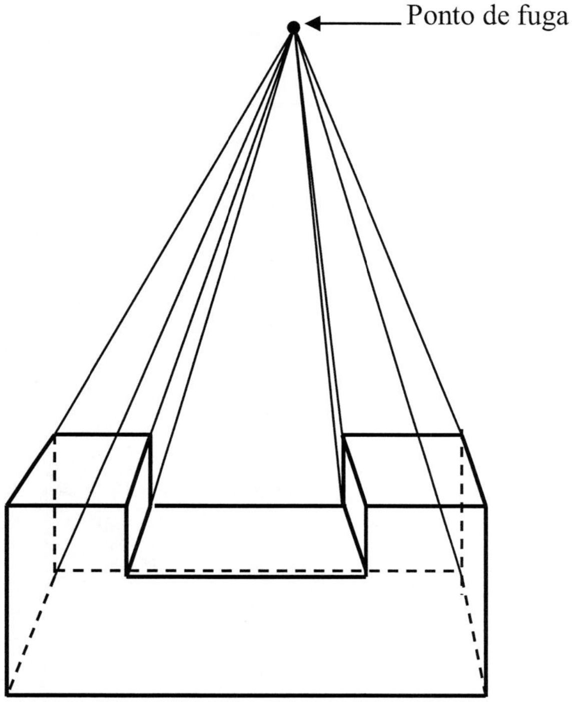

Um objeto poliédrico em perspectiva cônica (com um ponto de fuga)

Observa-se que a perspectiva cônica produz uma imagem que dá uma nítida ideia de volume e profundidade, conferindo beleza a linhas geométricas.

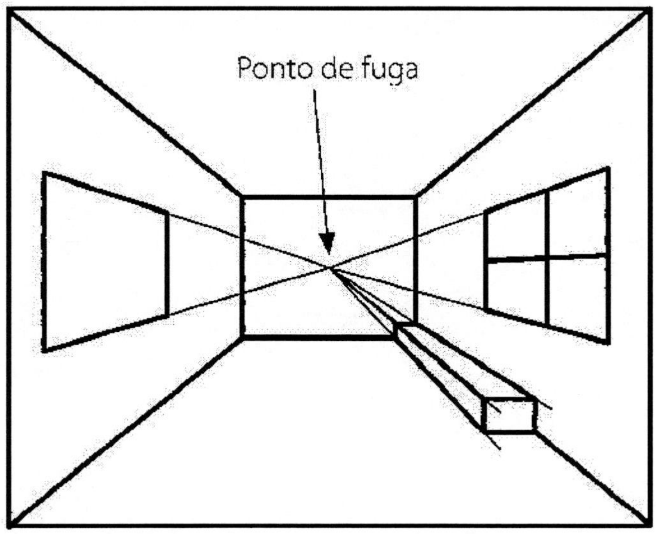

Exemplo de perspectiva cônica em Arquitetura

5.7 Perspectiva dimétrica ou bimétrica

Na dimetria ou bimetria, dois eixos possuem ângulos diferentes, e o terceiro permanece na vertical . Embora teoricamente estes ângulos possam ter valores variáveis, na prática usam-se 7º e 42º, onde as dimensões dos eixos a 7º e vertical mantêm as medidas reais, ou seja escala 1:1. Já as dimensões do eixo a 42º são reduzidas entre 1/2 e 2/3, dependendo da sua dimensão e detalhes específicos, tais como furos e rasgos. O objetivo destas reduções é não causar deformações visuais que deixem a perspectiva com um aspecto não muito agradável.

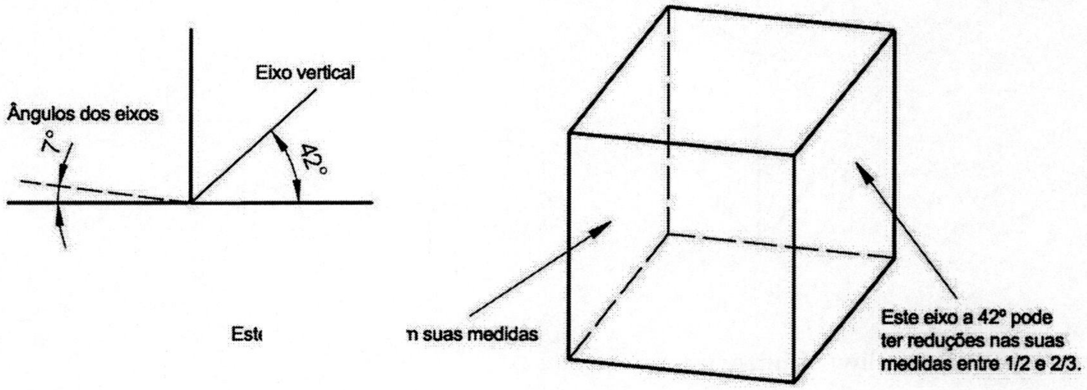

A seguir é mostrada a perspectiva dimétrica de uma peça com particularidades dimensionais, na face inclinada, bem como os quatro furos nas bordas.

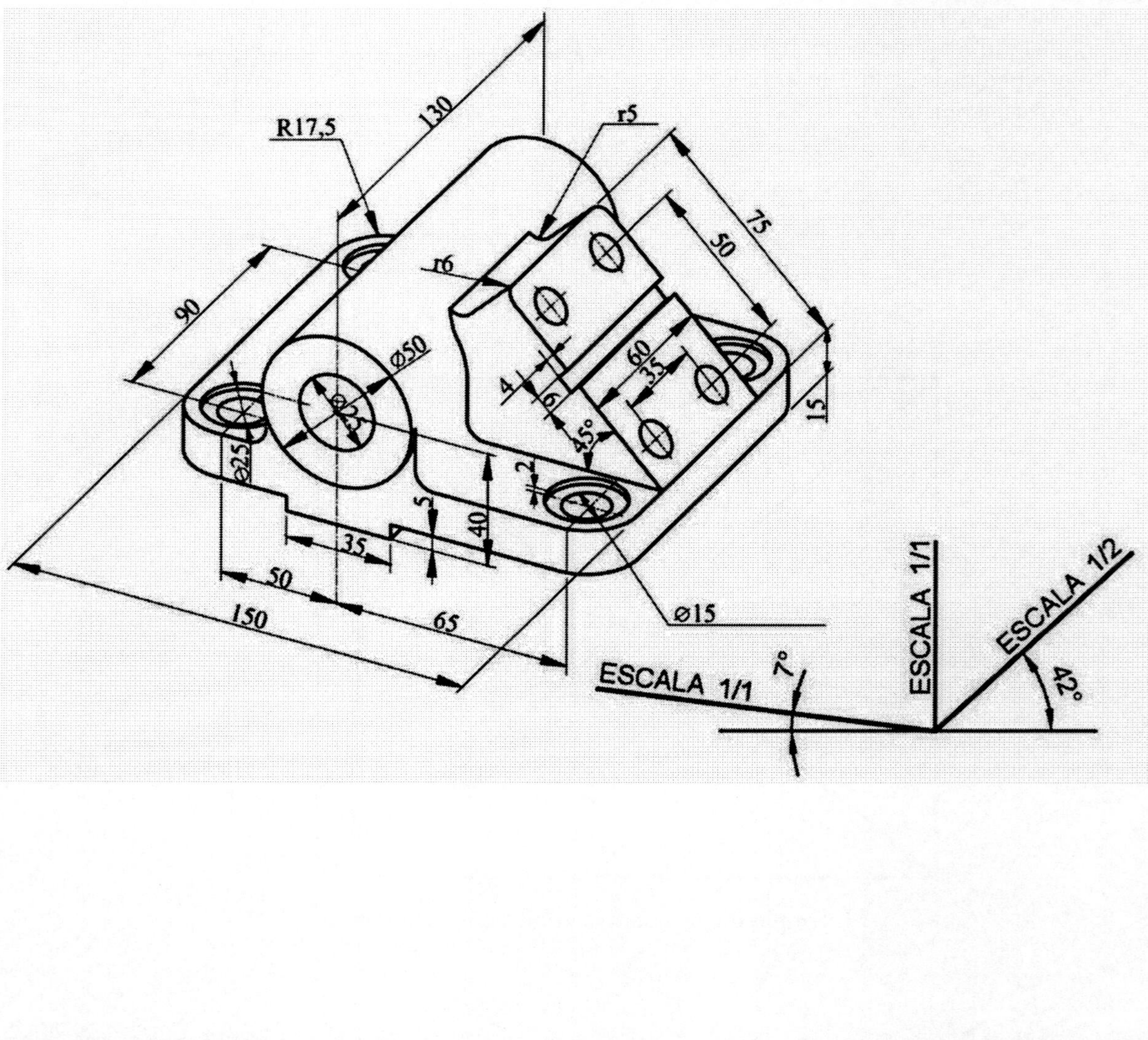

5.8 Perspectiva trimétrica ou anisométrica

Neste tipo de perspectiva o objeto é representado com inclinações diferentes em relação a cada eixo e as medidas das unidades dos três eixos possuem diferentes escalas ou valores entre si, ou seja, os três eixos sofrem redução. Esta característica torna a perspectiva trimétrica mais trabalhosa que as demais perspectivas e, portanto, não é muito utilizada (as reduções exigem alguns cálculos trigonométricos). Considerando-se ângulos de 15º e 30º tem-se reduções de 0,5 e 0,9, conforme mostrado no desenho a seguir de um cubo em perspectiva trimétrica, sem considerar inclinação da 3ª face.
Deve ser ressaltado que, com o desenvolvimento de programas gráficos para desenho em 3D, ficou fácil e rápido desenhar objetos em perspectivas, inclusive girando-se em diferentes ângulos, até chegar-se à posição que mostre o objeto da forma mais clara (e bonita).

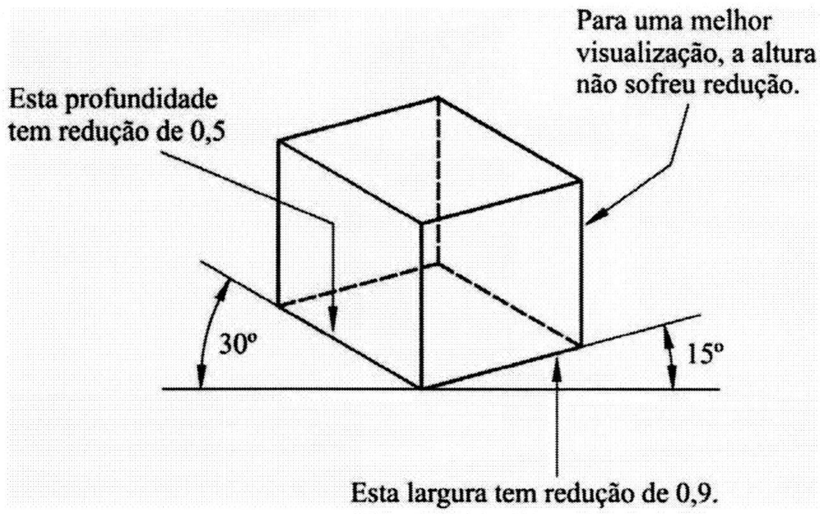

As figuras a seguir mostram a mesma peça representada em três tipos diferentes de perspectivas, notando-se que a trimétrica, neste, caso, apresenta a melhor aparência, ou seja, fica representada da melhor forma.

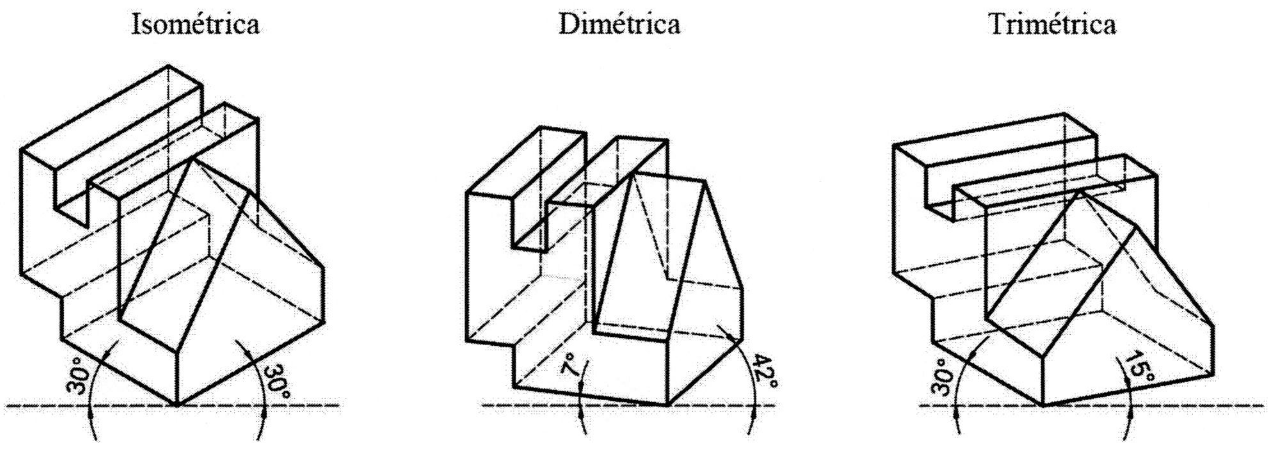

Representação de uma mesma peça em três perspectivas diferentes: isométrica, dimétrica e trimétrica, em que esta última possui a melhor aparência.

5.9 Comparação entre tipos de perspectivas, considerando o mesmo cubo

Os desenhos a seguir mostram um cubo, com as mesmas dimensões, representado nas diferentes perspectivas estudadas. A altura da perspectiva trimétrica foi desenhada com o mesmo valor das demais, mas teoricamente deve ser calculado o seu fator de redução.

Deve ser ressaltado que, uma rápida análise visual mostra que, para o cubo citado, das cinco perspectivas mostradas, duas sobressaem como a de melhor aspecto visual e boa compreensão do objeto: a dimétrica e a trimétrica. Em princípio, cada objeto, possui a sua melhor perspectiva. O parágrafo 5.7, a seguir, apresenta um bom exemplo, de qual perspectiva deve ser utilizada.

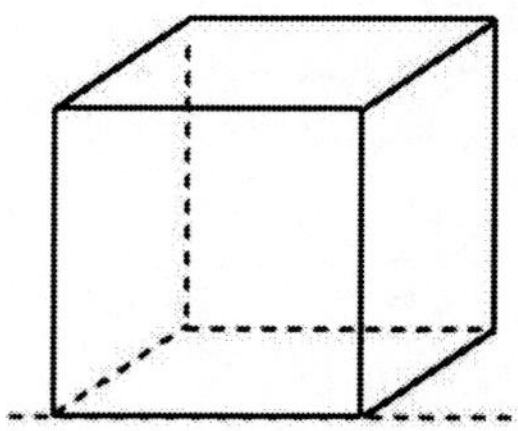

Cavaleira a 45°

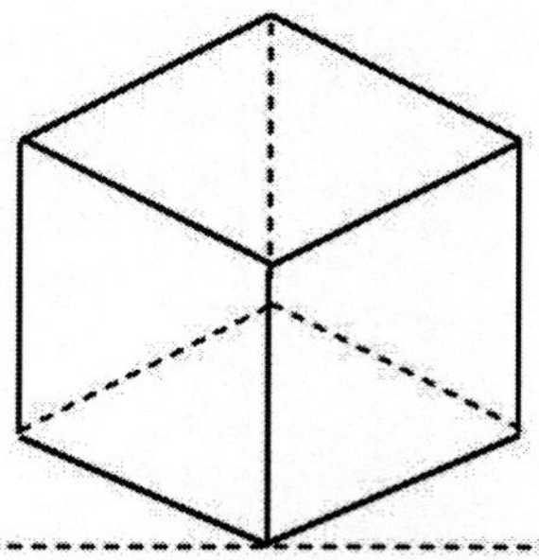

Isométrica (ângulos de 30°)

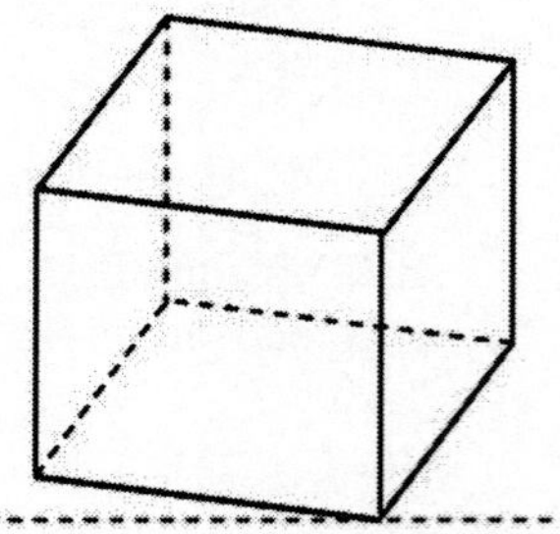

Dimétrica com ângulos de 7° e 42°

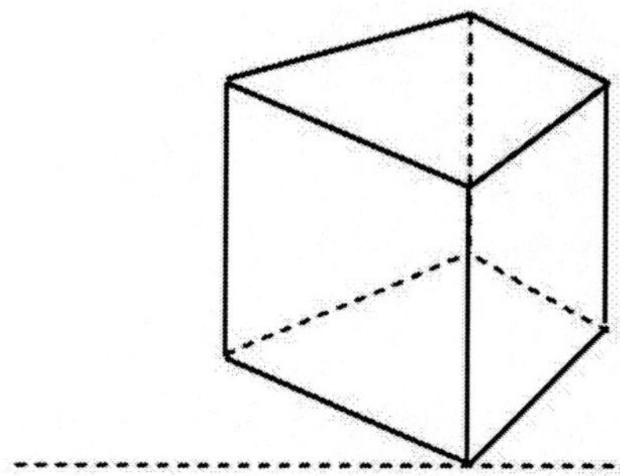

Cônica com 1 ponto de fuga

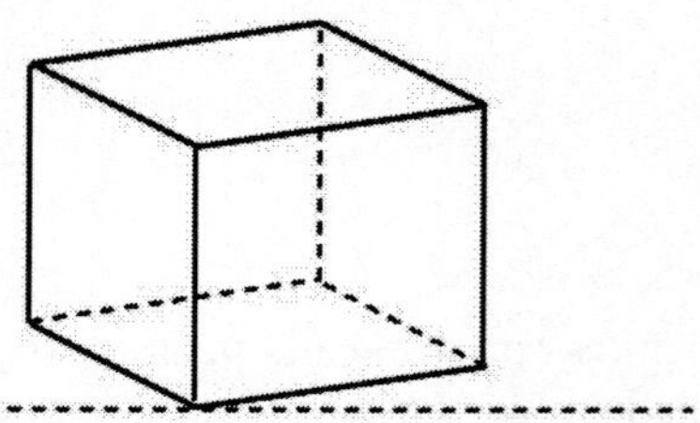

Trimétrica com ângulos de 15° e 30°

Escolha da perspectiva que apresenta a melhor visão tridimensional

Os exemplos a seguir mostram uma determinada peça mecânica, desenhada em três opções de perspectiva, de forma a que se escolha aquela que apresenta a melhor visão tridimensional.

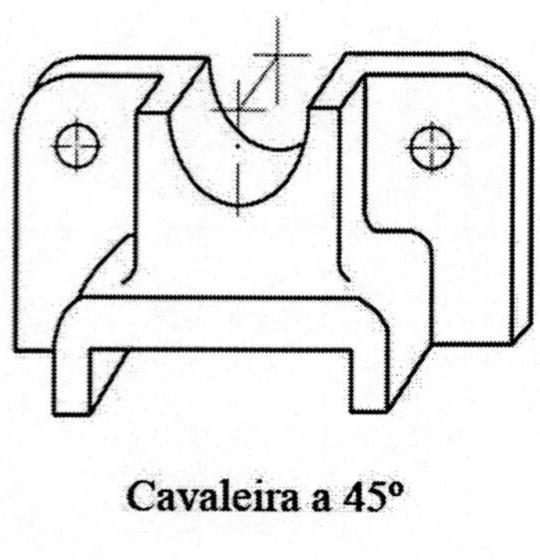

Cavaleira a 45°

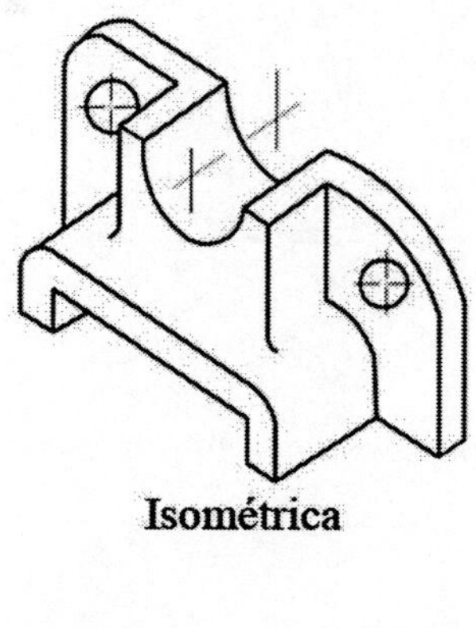

Isométrica

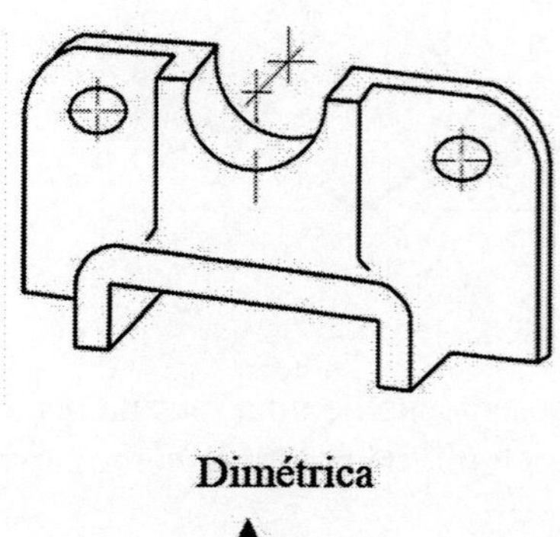

Dimétrica

↑

Nesse caso, a que apresenta a melhor visão é a da perspectiva dimétrica.

Capítulo 6

Algoritmo e fluxograma. A Geometria Dinâmica. O Word e *Softwares* usados para Desenhos Geométricos. Desenho de um eneágono regular inscrito a uma dada circunferência

6.1 O que é um algoritmo? O que é um fluxograma, aplicado ao Desenho Geométrico?

Um algoritmo pode ser definido como uma sequência finita e lógica de regras, raciocínios ou operações que, aplicada a uma determinada situação, permite solucionar problemas. Ao longos dos capítulos desse livro, em diversos exercícios foram detalhados o passo a passo das construções geométricas. Neste capítulo, será mostrado um algoritmo, para o desenho de um eneágono regular inscrito a uma dada circunferência.

Em termo simples e popular, um algoritmo pode ser pensado como uma "receita de bolo ou comida", com a descrição dos produtos a serem usados e detalhes do preparo. Num algoritmo para desenho geométrico é detalhado o passo a passo, no máximo detalhe possível. Uma vez que um algoritmo esteja completo, é possível projetar ou criar um programa de computador ou *software* (através de programação), para resolver um determinado problema.

Fluxograma ou diagrama de fluxo é um desenho (com símbolos geométricos) que mostra a sequência lógica de um algoritmo. Ou seja, de forma resumida, pode-se afirmar que algoritmo é a parte escrita e fluxograma é a imagem com símbolos específicos, para a execução de uma construção ou Desenho Geométrico.

Observa-se que o capítulo atual se refere à habilidade EF09MA15, citada na BNCC, para aulas de Geometria, para o 9º ano do Ensino Fundamental. Essa habilidade cita: "Descrever, por escrito e por meio de um fluxograma, um algoritmo para a construção de um polígono regular, cuja medida do lado é conhecida, utilizando régua e compasso, como também *softwares*". Nesse capítulo será feita a descrição, passo a passo, da construção geométrica de um eneágono regular, inscrito a uma circunferência, usando-se o Word.

6.2 Tipos de algoritmos

Existem os seguintes três tipos de algoritmos, cada um com as suas aplicações específicas: descrição narrativa, fluxograma e o pseudocódigo ou portugol.

Na **descrição narrativa**: analisa-se o enunciado do problema, escrevendo os passos que devem ser seguidos para a resolução do problema. Observa-se que ao longo deste livro, todas as construções geométricas têm o seu passo a passo descrito, sendo em muitos exercícios resolvidos também mostrado o raciocínio lógico que se aplica ao problema.

O **fluxograma** consiste em analisar o enunciado do problema e escrever, utilizando símbolos gráficos predefinidos, os passos que devem ser seguidos para a resolução do problema.

No **pseudocódigo ou portugol** analisa-se o enunciado do problema, escrevendo os passos que devem ser seguidos para a resolução do problema. O Portugol é uma linguagem de programação voltada para iniciantes, possuindo uma sintaxe simples e intuitiva, o que facilita o processo de aprendizado. O Portugol também serve como uma base sólida para a compreensão de outras linguagens de programação mais complexas.

Portugol, também conhecido como Português estruturado, é uma família de linguagens de programação que possui como base a língua portuguesa. A primeira variação de Portugol foi criada pelo professor António Manso em 1983, no Instituto Politécnico de Tomar, em Portugal. Essa criação iniciou como uma tradução da linguagem de programação Pascal para a língua portuguesa.

6.3 Símbolos Básicos usados em fluxogramas

Observa-se que os símbolos a seguir mostrados foram desenhados usando o programa Word, que tem esses símbolos já disponíveis. Observa-se que, como todo símbolo no Word, os aqui mostrados também podem ter suas dimensões e posições alteradas.

A forma de "pílula" representa o início e o fim de uma atividade: 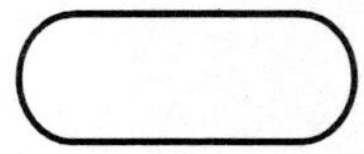

A forma retangular representa um processo ou atividade: 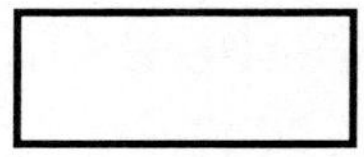

A forma do paralelogramo representa a entrada e a saída da informação: 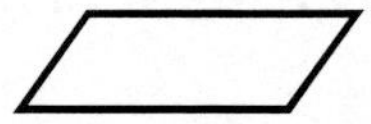

A forma do diamante representa uma decisão: 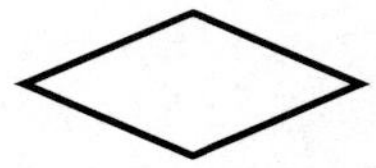

A forma de seta representa o fluxo da sequência de atividades e decisões: 

6.4 O que é a Geometria Dinâmica? *Softwares* que podem ser usados para a prática do Desenho Geométrico, por alunos do 9º ano do Ensino Fundamental

É importante deixar claro que, o ensino e aprendizado do Desenho Geométrico, especialmente no Ensino Fundamental, tem como objetivo principal o desenvolvimento e aperfeiçoamento das habilidades motoras ou pictóricas e visuais, bem como do raciocínio lógico matemático geométrico. Ou seja, o ensino e aprendizado do desenho Geométrico é muito mais do que "ser adestrado" no uso de programas ou *softwares*, capazes de executar com precisão e rapidez, as mais complexas construções geométricas.

Além de ajudar em muito esses desenvolvimentos e facilitar o aprendizado da Matemática, quando se executa um Desenho Geométrico, usando papel, esquadros, compasso, régua, lápis, transferidor e borracha, em verdade se aumenta a concentração da pessoa. Esta afirmação pode ser comprovada em qualquer escola, de qualquer lugar, pois enquanto os alunos fazem os desenhos, ficam quietos e "imersos" nos seus pensamentos. Essa imersão e concentração, chegam à euforia, quando se utiliza as construções geométricas, por exemplo, para a execução de belas obras coloridas de Arte Geométrica, como já mostradas ao longo dos diversos capítulos.

O termo "Geometria Dinâmica" é utilizado para definir programas interativos que possibilitam a criação e manipulação de figuras geométricas a partir de suas propriedades. Esses programas também são utilizados nas Geometrias Analítica e Descritiva, bem como em pesquisas.

Na Geometria Dinâmica há diversos recursos disponíveis como, por exemplo, uso de cores nos desenhos, sistemas de coordenadas cartesianas e polares, calculadora interna, medição de ângulos, distâncias e áreas. Com programas de Geometria Dinâmica é possível clicar em um ponto do desenho construído e arrastá-lo pela tela, com o *mouse*, mudando sua configuração. É dessa possibilidade de movimentação que vem o termo geometria dinâmica.

A principal característica da Geometria Dinâmica é que as imagens podem ser arrastadas na tela do computador, utilizando o *mouse*, possibilitando a transformação de figuras geométricas em tempo real. Com isso, a tela fornece a impressão que o desenho se deforma com o processo de arrastar, enquanto mantém as relações especificadas como essenciais da construção original. Outra característica da Geometria Dinâmica é permitir rapidez na execução dos desenhos, pois figuras que demorariam muito tempo para serem construídas no papel, com régua e compasso, são criadas no computador em segundos.

Dentre os principais programas de Geometria Dinâmica os seguintes se destacam: Tabulae, Geogebra, Régua e Compasso, Cabri Géomètre e Cabri 3D. Embora não sejam de Geometria Dinâmica, os programas AutoCad e Word podem ser utilizados para desenhos geométricos. Nesse livro, praticamente todas as imagens existentes foram desenhadas em Word, inclusive com o preenchimento de cores. Apenas no capítulo 5 existem desenhos que foram gerados no programa AutoCad.

O Tabulae é um *software* de Geometria Dinâmica plana que foi desenvolvido no "Projeto Enibam" do Instituto de Matemática da Universidade Federal do Rio de Janeiro - IM/UFRJ. Esse programa é gratuito.

Geogebra: "Geometria + Álgebra", é um programa austríaco gratuito que reúne Geometria, Àlgebra e Cálculo. De forma geral, podem ser construídos pontos, segmentos de reta, polígonos, circunferências, vetores, gráficos de funções, curvas cônicas (circunferências, elipses, parábolas e hipérboles), que podem ser dinamicamente modificados com um simples movimento do *mouse*. Uma vantagem do Geogebra é a de apresentar duas representações diferentes de um mesmo objeto: a representação geométrica e a algébrica. Esse programa pode ser utilizado em vários idiomas, inclusive português.

Régua e Compasso (CaR) é um programa de Geometria Dinâmica que pode ser baixado gratuitamente. Esse programa possibilita construções dinâmicas e interativas. Após algumas construções, os objetos geométricos podem ser deslocados na tela sem modificação das relações geométricas.

O Cabri-Géomètre II é um *software* educativo específico para o aprendizado da geometria. Foi desenvolvido por Jean-Marie Laborde e Franck Bellemain, no Institut D'Informatique et Mathématiques Appliquées de Grenoble, França. O Cabri possui muitos recursos na construção das figuras geométricas possibilitando movê-las e deformá-las, Permite criar e explorar figuras geométricas de forma interativa através da construção de pontos, retas, triângulos, polígonos, círculos e outros objetos.

Cabri 3D é um *software* de matemática dinâmica tridimensional. Ele foi desenvolvido pela empresa francesa Cabrilog, permitindo a construção em três dimensões e, ao mesmo tempo, tem os benefícios da geometria interativa. Ele oferece uma interface lúdica e intuitiva com ferramentas de visualização 3D, que muito facilitam o ensino/aprendizado da geometria.

6.4.1 O Word usado como *software* para a prática do Desenho Geométrico

Embora não seja um programa de Geometria Dinâmica, o Word possibilita de forma fácil e prática, a construção de muitos Desenhos Geométricos. Uma comprovação dessa afirmativa é que: "todos os desenhos contidos nesse livro foram feitos usando o Word". Embora não pareça e não seja muito difundido, o Word possuí diversos recursos para desenhar. Nos volumes 1 e 2, dos livros "Desenho Geométrico e Geometria I e II", estão descritas várias possibilidades do Word, para uso em atividades de Desenho Geométrico, para o Ensino Fundamental. Mais uma vez observa-se que, embora nesse capítulo o foco seja o Desenho Geométrico usando o *software* Word, é imprescindível que alunos pratiquem a Arte Geométrica com os instrumentos clássicos e usem lápis de cor, para dar mais luz e beleza às suas Obras de Arte.

6.5 Exemplo de um fluxograma

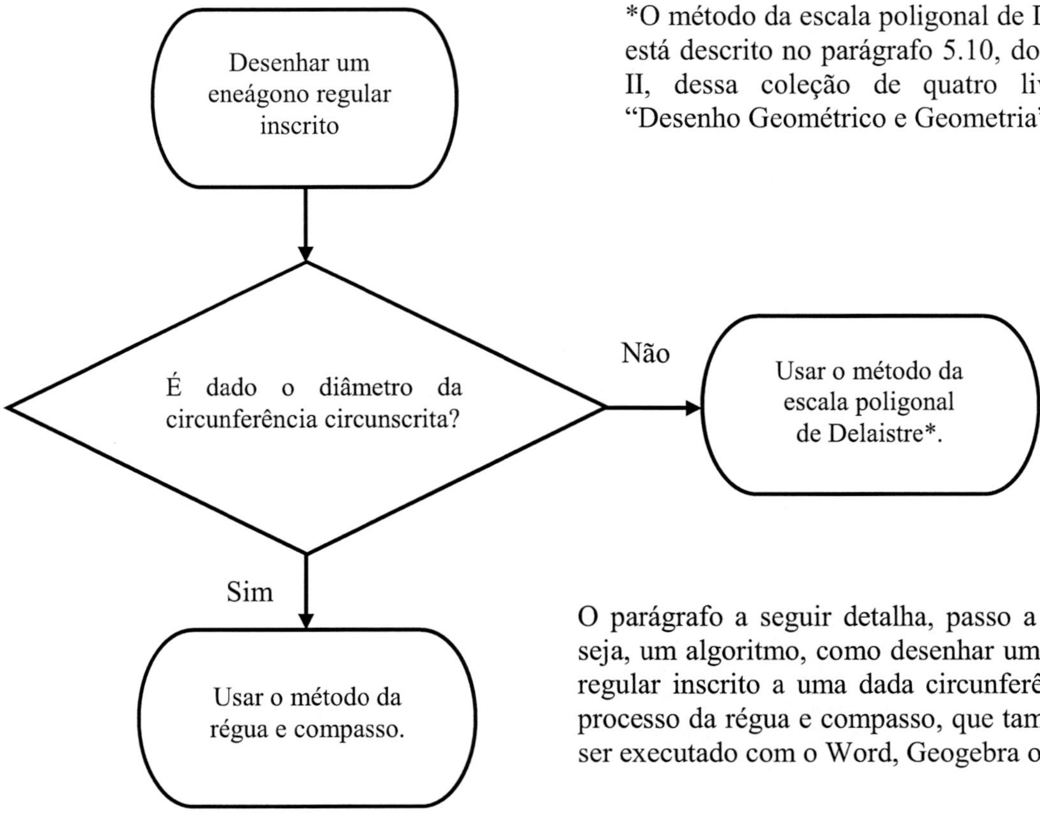

*O método da escala poligonal de Delaistre está descrito no parágrafo 5.10, do volume II, dessa coleção de quatro livros de "Desenho Geométrico e Geometria".

O parágrafo a seguir detalha, passo a passo, ou seja, um algoritmo, como desenhar um eneágono regular inscrito a uma dada circunferência, pelo processo da régua e compasso, que também pode ser executado com o Word, Geogebra ou Cabri.

6.6 Passo a passo (algoritmo), para o desenho de um eneágono (polígono de 9 lados) regular inscrito a uma circunferência de diâmetro 6 cm

1º Passo: localizar o centro da circunferência e traçar os eixos de simetria horizontal e vertical.

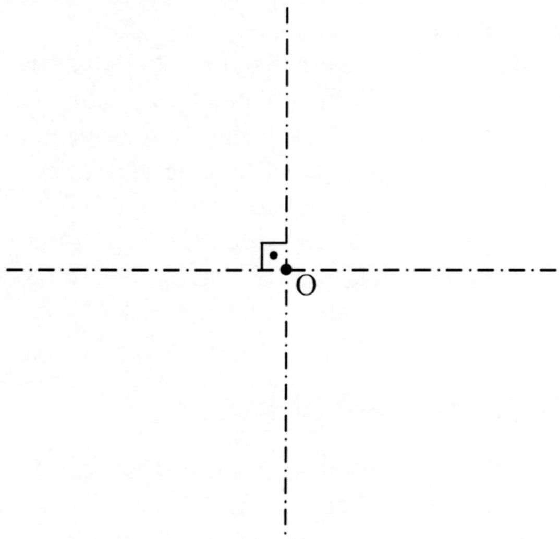

Lembra-se que os eixos de simetria são perpendiculares, sendo traçados com o par de esquadros, como já visto.

2º Passo: traçar a circunferência, abrindo o compasso com 3 cm, pois o diâmetro é 6 cm. Marcar os pontos: O, A, B e C.

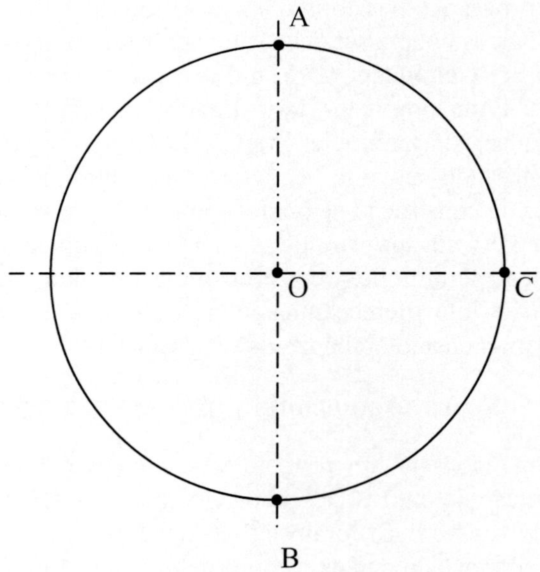

3º Passo: com centro em A e raio AO, traçar arco para a direita, marcando o ponto D.

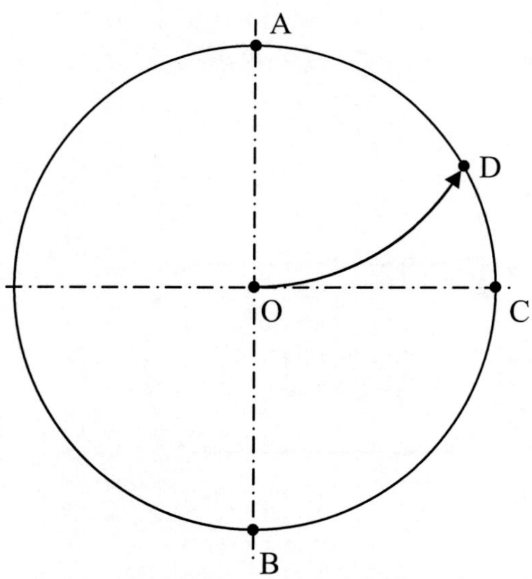

4º Passo: com centro em B e raio BD, traçar arco para a direita e para baixo, determinando o ponto E no prolongamento do eixo horizontal.

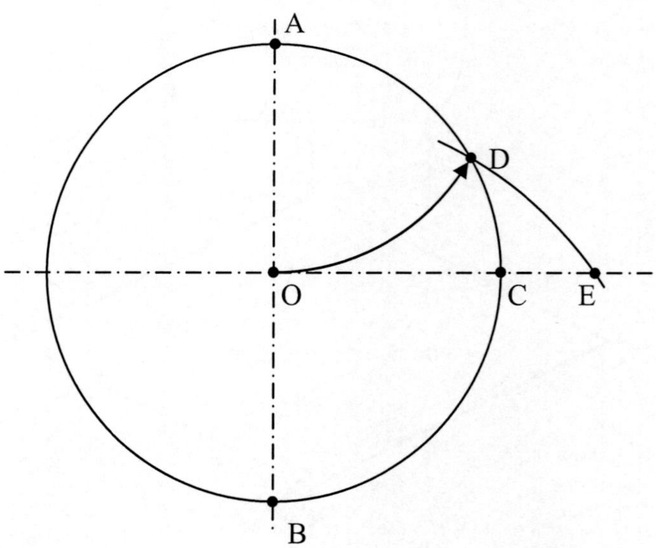

5º Passo: com centro em E, traçar arco de raio EA igual a EB, determinando o ponto F, sobre o eixo horizontal OCE. A distância FG é o lado do eneágono regular inscrito à circunferência.

6º Passo: iniciando pelo ponto A, traçar ao longo da linha da circunferência o eneágono.

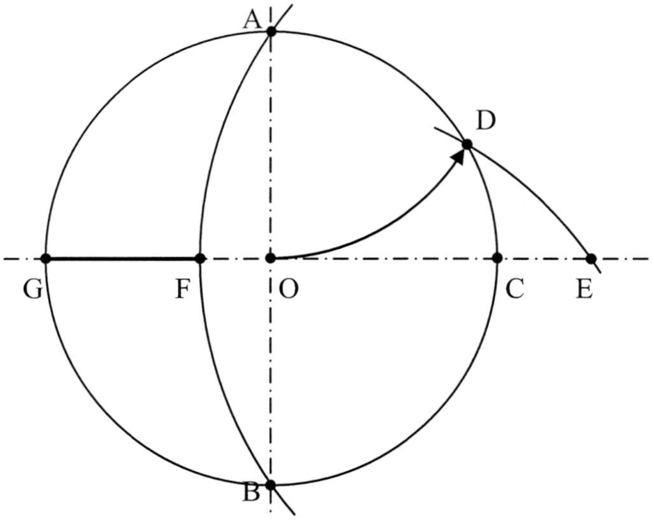

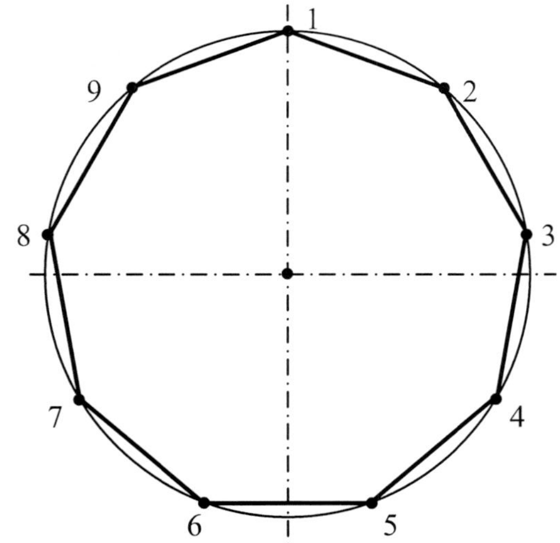

Exercício 6.6.1) Determinar analiticamente a medida do lado do eneágono acima, comparando o valor com o desenho executado com o *software* Word.

Raciocínio lógico geométrico: o ângulo central do eneágono regular é igual a 40º, pois: 360º/9 = 40º. O triângulo OAH é isósceles com os ângulos do lado iguais a 70º (70º + 70º + 40º = 180º). No triângulo retângulo escaleno OAI:
sen 20º = AI/AO, sendo AI metade do lado do eneágono, logo: AH = 2(AO)(sen 20º) = 2(3 cm)(0,342) = 2,052 cm.
Conclusão: o lado do eneágono é igual a 2,052 cm.

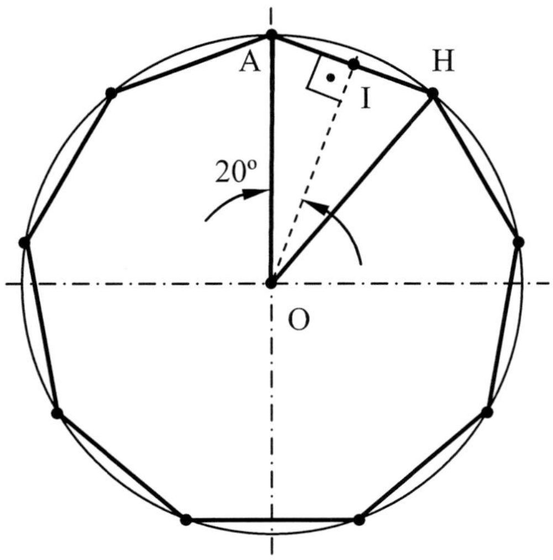

Pelo desenho em Word, o lado mede 2,06 cm. Ou seja, um erro mínimo para mais de cerca de 0,39% (0,008 cm).

Exercício 6.6.2) Traçar o eneágono circunscrito à circunferência de diâmetro 6 cm, determinando o seu lado.

Este é o eneágono regular circunscrito.

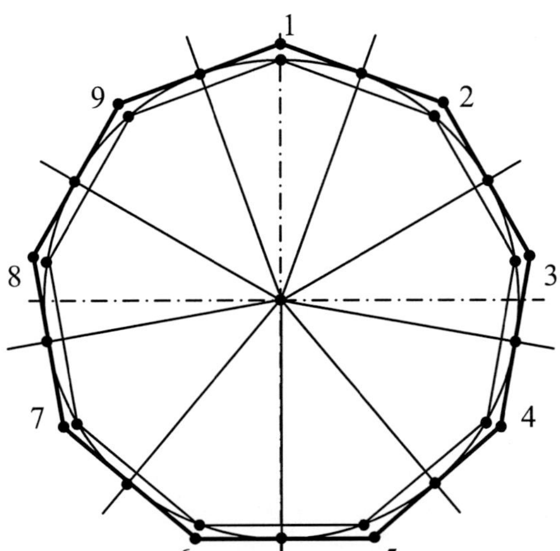

Raciocínio lógico geométrico:

1º Passo: traçar os apótemas de cada lado, ou seja perpendicular a cada lado, passando pelo ponto médio do mesmo. 2º Passo: onde cada apótema corta a circunferência é o ponto de tangência, por onde passa o lado do eneágono circunscrito e 3º Passo: por cada ponto de tangência, traço perpendicular a cada apótema.

Cálculo do lado do eneágono circunscrito

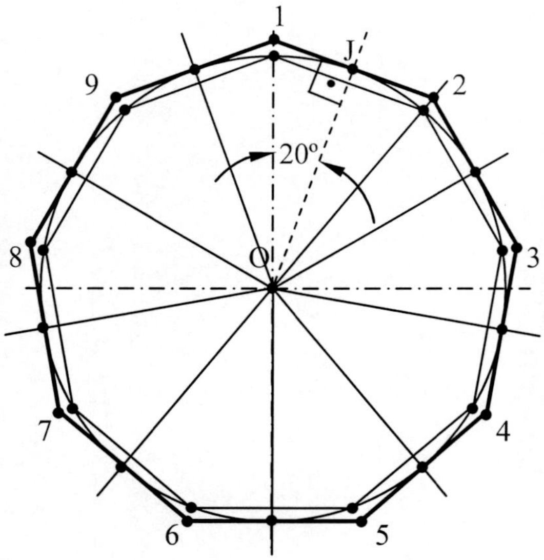

Raciocínio lógico geométrico:

No triângulo retângulo escaleno OJ1:

tg 20º = J1/OJ => J1 = OJ(tg 20º) = (3 cm)(0,364) = 1,092 cm.

Lado do eneágono circunscrito = 2(J1) = 2,184 cm.

Pelo Word foi encontrado lado = 2,19 cm, ou seja: um erro para mais de 0,006 ou cerca de 0,27%,

O lado do eneágono circunscrito é igual a 2,184 cm.

Exercício 6.6.3) Para o eneágono regular inscrito já desenhado e calculado determinar o diâmetro da circunferência inscrita.

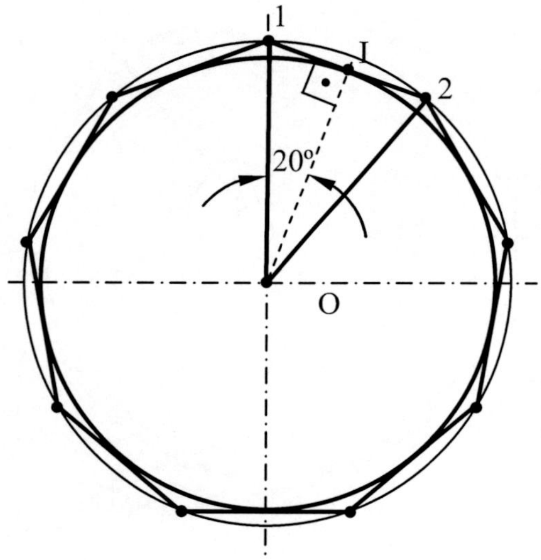

Raciocínio lógico geométrico:

OI é o raio da circunferência inscrita ao eneágono inscrito à circunferência de diâmetro 6 cm.

cos 20º = OI/O1 => OI = O1(cos 20º) = (3 cm)(0,9397) = = 2,819 cm.

O diâmetro da circunferência inscrita ao eneágono inscrito à circunferência de diâmetro 6 cm é igual a 5,638 cm.

Capítulo 7
A Arte Geométrica livre, dos polígonos e com o tangram

7.1 Um pouco de História

Na antiguidade, literalmente no tempo das cavernas, a Geometria, ainda que rudimentar, foi utilizada por diversas culturas, em diferentes partes do mundo, por meio da Arte, com marcações nas pedras e cavernas (pinturas rupestres), construção de objetos para utensílios, decorações e na criação de desenhos para a pintura corporal, o qual está interligada com a Geometria tão presente no meio artístico, com curvas, retas e figuras geométricas perfeitas e, cores vivas que alegram e enfeitam o nosso cotidiano.
Na caverna de Chauvet, na França, existe a marcação de uma mão impressa na parede do fundo, que foi datada como tendo sido feita há mais de 30 mil anos. Em diversas cavernas da Europa existem muitas artes rupestres datadas com mais de 15 mil anos.
Chama-se período geométrico um dos seis períodos da história da Grécia Antiga, aproximadamente entre 900 a.C. e 750 a.C., sendo caracterizado pela existência de motivos geométricos na cerâmica, que floresceram no final da "Idade das Trevas" (1150 a.C. e 800 a.C.). O centro da Arte Geométrica era Atenas, sendo difundida entre as cidades comerciais das Ilhas Egeias (grupo de ilhas no mar Egeu, perto da Grécia e Turquia).
O cubismo surgiu na França em 1907, com a obra "As senhoritas de Avignon" (*Les Demoiselles d'Avignon*). De Pablo Picasso (1881-1973). Nessa obra, que foi considerada um marco inicial desse movimento artístico, a nudez feminina foi retratada de maneira diferente. As formas reais do corpo foram substituídas por figuras geométricas.
Esse movimento, que transformou as artes, ocorreu em uma época marcada por muitas inovações tecnológicas, já durante a 2ª Revolução Industrial, inclusive com o uso da eletricidade e do petróleo. O cubismo rompeu com o pensamento tradicional, precedendo a Primeira Guerra Mundial (1914-1918). A utilização de formas geométricas, como cubos e cilindros, nas artes plásticas é uma das principais características do movimento chamado cubismo. A importância do cubismo para a história da arte mundial deve-se, principalmente, por romper com os padrões clássicos que existiam naquele período, quando a representação realista da natureza e a perfeição das formas eram as principais marcas estéticas. A principal característica do cubismo foi a representação das figuras em vários planos, objetivando a tridimensionalidade na pintura. Picasso, juntamente com o pintor e escultor francês Georges Brasque (1882-1963), fundaram o cubismo. Essa manifestação chegou ao fim em 1914, com o início da Primeira Guerra Mundial.
A utilização de cones, cilindros, esferas, círculos e triângulos, para retratar a realidade, foi a principal característica do cubismo. Os artistas buscavam promover uma fragmentação e geometrização das formas apostando na simultaneidade de visualizações permitidas a partir da observação de um objeto, que poderia ser visto sob ângulos diferenciados. Destaca-se ainda a utilização de cores fechadas e austeras, representações do volume colorido sobre superfícies planas e renúncia à perspectiva e ao claro-escuro, o que causava uma sensação de pintura escultórica.
O cubismo durou entre os anos de 1907 e 1914 e foi dividido em três fases. A primeira delas, chamada de cézaniana ou analítica, ocorreu entre os anos de 1907 e 1909. O nome deve-se ao destaque das obras de arte de Paul Cézanne () nesse período. Entre 1909 e 1912, surgiu a fase analítica ou hermética, tendo como principal característica a decomposição da obra em todas as suas formas, o que permitia a visualização dos elementos de uma pintura em ângulos variados. Também nesse momento houve um destaque das obras de Picasso e Braque. As cores cinza, bege e castanho eram as mais utilizadas. A terceira fase, em 1911, foi o cubismo sintético, onde as cores escuras e marcantes ganharam destaque, além da utilização da colagem de objetos inteiros nas pinturas, como pedaços de madeira, vidro, metal, números, palavras e letras. Isso era utilizado pelos artistas como uma maneira de possibilitar mais do que sensações apenas visuais, mas também sensações táteis.
No Brasil, o cubismo surgiu somente após a Semana de Arte Moderna de 1922, embora os artistas mesclassem as características do cubismo com outros estilos artísticos. Nomes como Anita Malfatti (1889-1964), Vicente do Rego Monteiro (1899-1970), Tarsila de Aguiar do Amaral (1886-1973) e Emiliano Augusto Cavalcanti de Albuquerque Melo ou Di Cavalcanti (1897-1976) foram alguns dos primeiros artistas brasileiros que utilizaram as formas geométricas do cubismo em suas obras.

Muitos pintores famosos, mesmo praticando obras clássicas e ou surrealistas, em alguns trabalhos lançaram mão de elementos geométricos. Dentre os vários famosos, cabe citar Pieter Cornelis Mondrian (1872-1944), que produziu centenas de quadros tipicamente apenas com elementos geométricos simples, mas que, quando preenchidos e combinados com as mais diversas cores, constituíram-se em belas obras de arte, de grande valor artístico.

No Brasil, além dos já citados, tivemos, e ainda temos, muitos artistas geométricos, dentre os quais: Paulo Werneck (1907-1987), Lygia Clark (1920-1988), Ivan Serpa (1923-1973), Geraldo de Barros (1923-1998), Hélio Oiticica (1937-1980) e Paulo Roberto Leal (1946-1991). Em 2024, com 64 anos de idade e atuante, a artista plástica Beatriz Ferreira Milhazes, podia ser apontada como uma moderna artista geométrica, sendo sua obra caracterizada pelo uso da cor, de estruturas geométricas, arabescos**, florais e motivos ornamentais.

**Arabescos são desenhos formados por padrões geométricos que fazem parte da cultura dos países muçulmanos. Podem ser pintados ou esculpidos e são muito usados na arte islâmica, na arquitetura, na tapeçaria e na decoração. A palavra arabesco é italiana e significa "à maneira árabe". Sua origem é do árabe 'arab, que parece significar "habitante do deserto".

Além de belos quadros artísticos, a arte geométrica é muito utilizada na decoração de tecidos, produtos industriais e vários objetos domésticos.

A Arte praticada com elementos Geométricos oferece aos alunos uma aprendizagem prazerosa e criativa, facilitando em muito o aprendizado da Matemática. O autor considera o Desenho Geométrico como a Matemática das imagens.

7.2 Como é formado e quais são as sete cores do arco-íris

O arco-íris é um fenômeno ótico e meteorológico que ocorre quando há chuva seguida de iluminação solar. Esse efeito acontece devido à dispersão da luz branca em cores do espectro visível da luz. As gotículas de água funcionam como um prisma, a luz penetra dentro das gotas, é refletida em um ângulo de aproximadamente 42° e volta a ser refletida para a atmosfera, encantando os olhos dos observadores, nas seguintes sete cores visíveis: vermelho, laranja, amarelo, verde, azul-céu, anil e violeta. Na realidade, o arco-íris é formado por infinitas cores, e aparece apenas quando o Sol está no lado contrário do observador e com uma altura baixa, como no poente, ou seja, quando o Sol está se pondo.

7.3 Efeitos comportamentais e psicológicos das cores

Pesquisas relacionadas às preferências de cores, relacionadas à compra de produtos, mostram que cerca de metade (50%) da população mundial prefere a cor azul. As outras cores têm percentuais de preferência bem distribuídos, tendo relação com o clima de onde a pessoa vive, seus hábitos culturais e até religiosos. Outra coisa interessante é quanto ao contraste de cores, onde pesquisas indicam que isso ocorre com a combinação do amarelo ouro com o preto. Ou seja, essas são as duas cores que, quando juntas, mais chamam a atenção.

Quanto aos efeitos psicológicos, as cores são classificadas em quentes, frias e neutras. As cores quentes são: amarelo, vermelho, laranja, vermelho alaranjado e laranja amarelado. As frias são: azul, verde, violeta, azul esverdeado, verde amarelado e roxo azulado. As cores neutras são o branco, o preto, e principalmente as lidades do cinza. No entanto, também podem ser neutros todos os demais subtons das outras cores, como as tonalidades mais fracas, afetadas pela mistura com o branco ou o preto, sendo que as mais comuns são o bege e o marrom.

Arquitetos e especialistas em decoração afirmam que o uso das cores neutras é uma forma de deixar a casa mais aconchegante, ampliar visualmente e manter os espaços sempre atuais. Elas são opções amenas e elegantes que, ao contrário do que se pensa, vão muito além dos tradicionais branco e bege. As cores quentes transmitem sensação de calor, alegria e descontração, enquanto as cores frias passam a ideia de calma, tranquilidade e esperança.

7.4 O tangram

O tangram é um quebra-cabeça de origem chinesa, praticado há muitos séculos em todo o Oriente. Segundo a lenda, o jogo surgiu quando um monge chinês deixou cair uma porcelana quadrada, que se partiu em sete pedaços, surgindo seu nome, que significa " tábua das sete sabedorias" ou "tábua das sete sutilezas" .

A origem é de um painel em madeira, de 1780 do pintor japonês Kitagawa Utamaro (1753-1806), com a figura de duas senhoras chinesas a resolver um tangram. A mais antiga publicação com exercícios de tangram é do inicio do século XIX (1801 a 1900).
O tangram pratica-se desde há muitos séculos na China. Ele expandiu-se rapidamente para além do seu país de origem, tornando-se muito popular na Europa e nos Estados Unidos, e tem vindo a inspirar a criação de muitos outros jogos com as mesmas peculiaridades. O tangram é útil para: desenvolver o raciocínio lógico e geométrico (habilidades de visualização, percepção espacial e análise das figuras) e praticar as relações espaciais e as estratégias de resolução de problemas.
Ao contrário de outros quebra-cabeças ele é formado por apenas sete peças com formas geométricas resultantes da decomposição de um quadrado, que são: dois triângulos grandes, dois triângulos pequenos, um triângulo médio, um quadrado e um paralelogramo. Com estas peças é possível criar e montar cerca de 1700 figuras entre animais, plantas, pessoas, objetos, letras, números, figuras geométricas e outros.

7.4.1 A lógica matemático geométrica do tangram

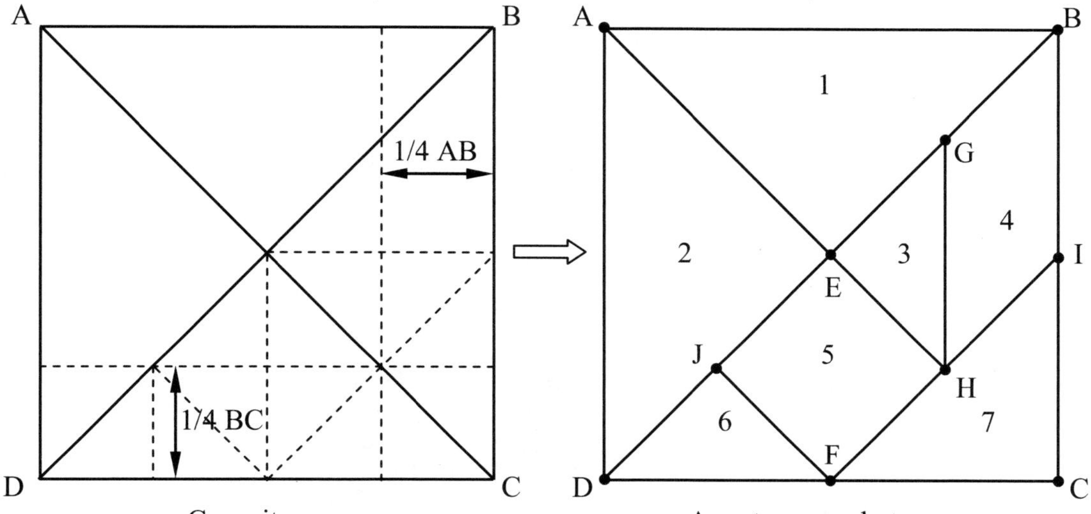

Conceito — As sete peças do tangram

O tangram parte do conceito de um quadrado ABCD e suas diagonais AC e BD. Na sequência são feitas divisões, tanto a partir das diagonais, quanto no 1/4 dos lados AB e BD que, usando o conceito de paralelas, resulta na criação de sete polígonos muito bem definidos geometricamente, a seguir descritos:

Triângulo ABE igual ao ADE, ambos triângulos isósceles retângulos.
Triângulo DFJ igual ao EGH, ambos triângulos isósceles retângulos. } Triângulos semelhantes.
Triângulo CFI, isósceles retângulo.
Paralelogramo BGHI.
Quadrado EHFJ.
Excetuando o quadrado, que tem os quatro ângulos internos iguais a 90º, todos os outros polígonos, têm ângulos de 90º e 45º, sendo que o paralelogramo tem dois ângulos de 45º e dois de 135º, já que a soma dos ângulos internos de um quadrilátero é igual a 360º.

Exercício resolvido: uma cidade brasileira, com uma grande quantidade de imigrantes chineses, onde o prefeito é filho de chineses, decidiu, após aprovação da câmara municipal, construir um monumento em aço pintado, baseado nos sete polígonos do tangram, considerando que as partes mostradas a seguir advém de um grande quadrado com 6 metros de lado. Considerando as cores a seguir e as partes, determinar a área de cada parte. Estas áreas são fundamentais, tanto para poder saber o preço da estrutura em aço, bem como quanto a quantidade de tinta a ser usada, já que é uma tinta especial.
Esse monumento tem como princípio básico e filosófico o equilíbrio em tudo.

Uma análise do desenho da lógica matemático geométrica do tangram, mostra o seguinte: 1) O triângulo maior, em vermelho tem uma base de 6 metros e uma altura de 3 metros. 2) O triângulo médio, em amarelo, tem 3 metros de base e 3 metros de altura e 3) Cada um dos dois triângulos menores, em verde e azul, tem 3 metros de base e 1,5 metros de altura.

Cálculo das áreas:

Triângulo vermelho: $S = (6 \times 3)/2 = 9$ m^2.
Triângulo amarelo: $S = (3 \times 3)/2 = 4,5$ m^2.
Triângulo verde: $S = (3 \times 1,5)/2 = 2,25$ m^2.
Triângulo azul: $S = (3 \times 1,5)/2 = 2,25$ m^2.

7.4.2 Arte geométrica com o tangram

Como são sete peças, ou melhor, sete polígonos, cada um será preenchido com uma das cores do arco-íris, como mostrado a seguir. A partir da combinação das sete peças, é possível a criação de centenas de imagens, principalmente de animais. Também se pode alterar as cores, em relação à base, para um melhor efeito visual.

Esta é a base dos polígonos coloridos

Um tatu

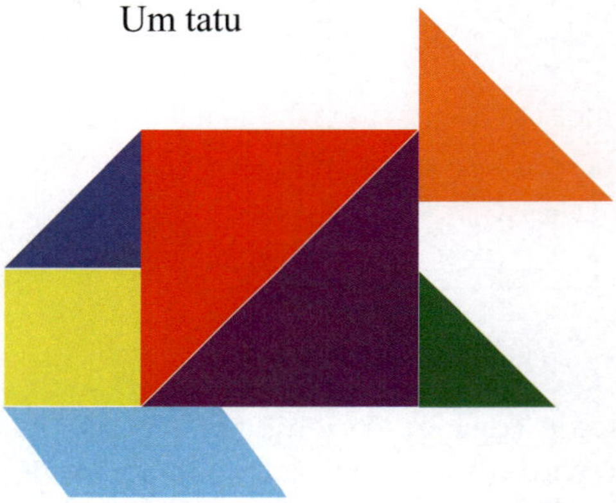

Um cachorro

Um esquilo

7.5 A Arte geométrica nas capas dos livros

Incluindo esse volume 4, os três outros volumes da coleção "Desenho Geométrico e Geometria", apresentam em suas capas três desenhos geométricos coloridos, relacionados tanto aos conteúdos de cada livro, quanto de elementos geométricos em geral. A seguir são mostrados os 12 desenhos das capas dos quatro volumes.

7.6 A Arte Geométrica dos padrões com losangos e triângulos

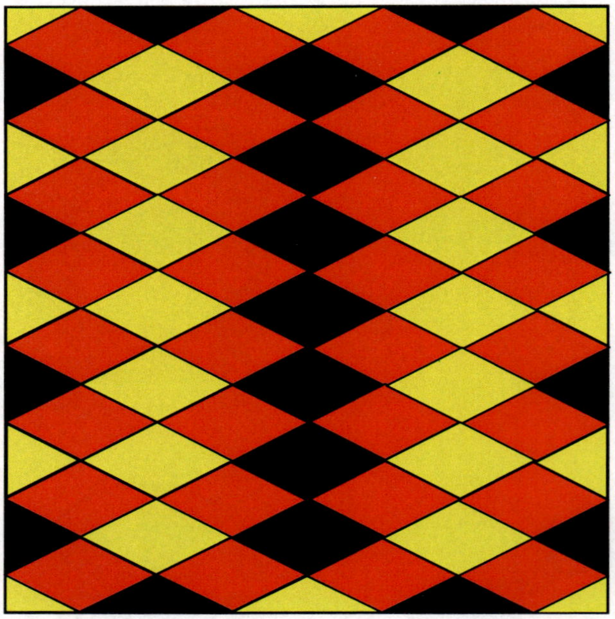

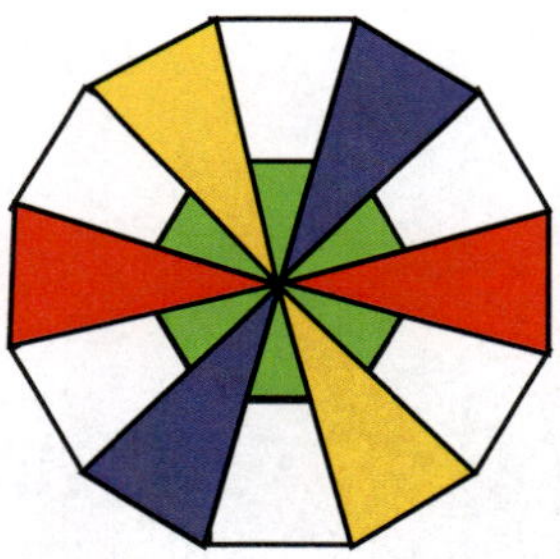

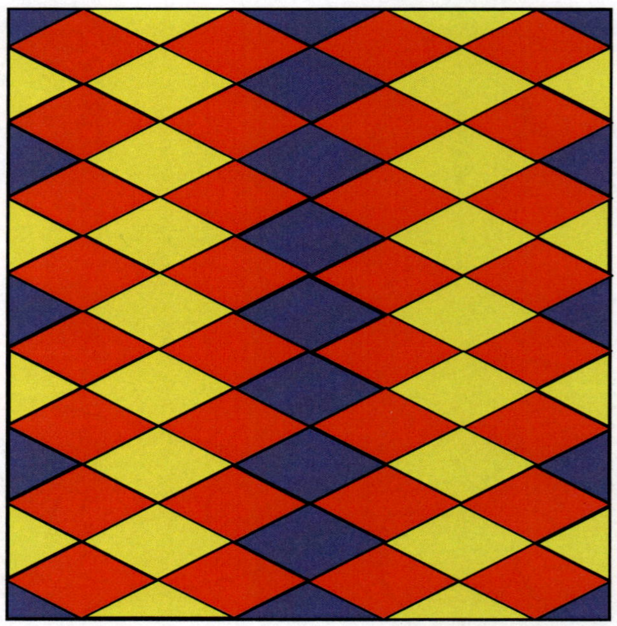

7.7 A Arte Geométrica dos polígonos

7.8 A Arte Geométrica livre para pintura em telas e madeiras

Aqui são mostrados alguns exemplos, segundo a criatividade do autor, de telas que podem ser pintadas, dentro da área da Arte Geométrica.

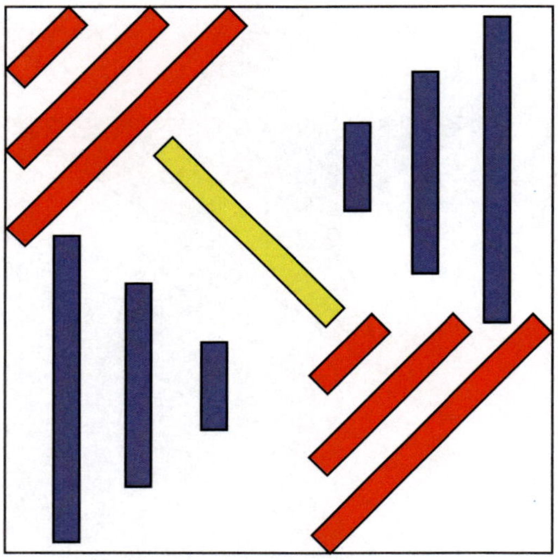

Referências

ABRANTES, José. **Geometria Analítica Aplicada**. Teorias, estudos e práticas nos Espaços R^2 e R^3. Introdução ao Cálculo Vetorial Aplicado. 5.ed. Rio de Janeiro: Ciência Moderna, 2019.

__________. **A Geometria Básica estudada nos Ensinos Fundamental e Médio**. Rio de Janeiro: Ciência Moderna, 2022.

ABRANTES, José. SOUZA, André Antônio. **Geometria Descritiva I**. Rio de Janeiro: Ciência Moderna, 2024.

ABRANTES, José; GRANADO, Renê Mendes. **Desenho Técnico Projetivo Básico**. Rio de Janeiro: Ciência Moderna, 2023.

CARVALHO, Benjamin de Araújo. **Desenho Geométrico**. Rio de Janeiro: Imperial Novo Milênio, 2008.

JANUÁRIO, Antônio Jaime. **Desenho Geométrico**. 2.ed. Florianópolis, Santa Catarina: Editora da Universidade Federal de Santa Catarina, 2006.

MICELI, Maria Teresa; FERREIRA, Patrícia. 3.ed. **Desenho Técnico Básico**. Rio de Janeiro: Imperial Novo Milênio, 2008.

MORI, Iracema e ONAGA, Dulce Satiko. **Matemática: Ideias e Desafios**. (Manual do professor, 7º ano do Ensino Fundamental). 18.ed. São Paulo: Saraiva, 2016.

PUBLIFOLHA. **História Ilustrada da Arte**. Os principais movimentos e as obras mais importantes. Produção editorial: Estúdio Sabiá. São Paulo: Publifolha, 2014.

Impressão e acabamento
Gráfica da Editora Ciência Moderna Ltda.
Tel: (21) 2201-6662